Andreas Nussbaumer

KUNDEN KÜSSEN KEINE KEILER

Andreas Nussbaumer

KUNDEN KÜSSEN KEINE KEILER

Eine Erfolgsgeschichte für mehr Freude
am Verkauf

Frankfurter Allgemeine Buch

Bibliografische Information der Deutschen Nationalbibliothek
Die Deutsche Nationalbibliothek verzeichnet diese Publikation in der Deutschen
Nationalbibliografie; detaillierte bibliografische Daten sind im Internet über
http://dnb.d-nb.de abrufbar.

Für meine Frau Elisabeth,
die Liebe meines Lebens
und meine wichtigste Mentorin.

Frankfurter Allgemeine Buch

© FAZIT Communication GmbH
Frankfurter Allgemeine Buch
Frankenallee 71 – 81
60327 Frankfurt am Main

Umschlag: Christina Hucke, Frankfurt am Main
Titelillustrationen: © shutterstock/MaKars
Satz: Uwe Adam, Freigericht, www.adam-grafik.de
Druck: CPI books GmbH, Leck
Printed in Germany

1. Auflage, Frankfurt am Main 2019
ISBN 978-3-96251-076-3

Inhalt

Vorwort

„Es ist schon alles gesagt,
nur noch nicht von allen!"
Karl Valentin

Tatsächlich wurde schon alles gesagt. Auch, und ganz besonders zum Thema Verkaufen.

Schon im fünfzehnten Jahrhundert haben kluge Kaufleute im Bazar von Istanbul die Struktur wirkungsvoller Verkaufsgespräche beherrscht.

Selbst die letzten Forschungen der Neurowissenschaften bringen zwar bahnbrechende Erkenntnisse zum Aufbau und der Funktionsweise unseres Gehirns, doch die Kunst des Verkaufens haben sie nicht verändert.

Heute beschäftigen uns die zunehmende Digitalisierung der Märkte, Social Media und Mobile Shopping. Und trotzdem gelten immer noch dieselben Regeln wie schon vor fünfhundert Jahren. Denn wir kaufen *von* und verkaufen *an* Menschen!

Künstliche Intelligenzen können basierend auf Userverhalten Wahrscheinlichkeitswerte prognostizieren und Vorschläge unterbreiten. Doch menschliche Verkäufer sind der Künstlichen Intelligenz immer noch einen bedeutenden Schritt voraus. Sie sind in der Lage, Interesse, Emotion und Empathie zu zeigen.

Verkäuferinnen und Verkäufer sind also mehr denn je gefragt. In der Flut an Möglichkeiten und Informationen begleiten sie die Kunden durch den Entscheidungsprozess, helfen den tatsächlichen Bedarf zu klären, Optionen einzugrenzen und skizzieren potenzielle Lösungen für die vorliegenden Herausforderungen.

In diesem Buch finden sich die wichtigsten Faktoren, die Menschen im Verkauf benötigen, um diese komplexe Aufgabe zu bewältigen.

Begleiten Sie Florian, den Helden dieser Geschichte, auf seiner Reise durch ein Jahr voller Erkenntnisse und Lernerfahrungen. Erfahren Sie mit ihm gemeinsam die Grundprinzipien des exzellenten Verkaufens in einer neuen Form.

„Es ist schon alles gesagt,
nur noch nicht auf diese Weise ..."

Andreas Nussbaumer

Prolog. Der Beginn einer Reise

„Verkaufen ist toll, haben sie gesagt! Da kannst du viel Geld verdienen, haben sie gesagt! Und? Wo sind die ganzen Schlaumeier jetzt alle?"

Florian saß auf einer Parkbank im ersten Wiener Bezirk und hatte die Schnauze voll. Da konnte auch das Traumwetter nicht viel daran ändern. Wien erlebte gerade goldene Herbsttage. Im Schatten war es zwar schon merklich kühl, doch die Sonne schickte ihre wärmenden Strahlen aus einem wolkenlosen Himmel. Der Grund für Florians schlechte Stimmung lag in dem Telefonat, das er soeben beendet hatte. Einer seiner wichtigsten Kunden hatte sich nun doch für den Mitbewerber entschieden! Er musste gar nicht erst seine Provisionskalkulation checken, um zu wissen, dass sein Jahresbonus sich soeben in Luft aufgelöst hatte. Wie zum Hohn blies ihm ein kalter Luftzug ins Gesicht, und kroch unangenehm in seinen Mantel. Wie sollte es jetzt weitergehen? Den Bonus hatte er schon einkalkuliert, um damit einen Teil der Eigenmittel für den Kredit zu begleichen, mit dem er seine neue Traumwohnung finanzieren wollte. Dachgeschoss und eine Terrasse mit Blick über die Stadt. Zwar noch einiges zu renovieren, aber ein wahres Schmuckstück, das darauf wartete, in neuem Glanz zu erstrahlen. Und jetzt? Statt Blick über Wien stand nur erstmal die Aussicht auf ein unerfreuliches Gespräch mit dem Vertriebsleiter an.

„Schönen guten Tag, ist hier noch frei?" Florian warf einen kurzen Blick auf den Mann, der sich zu ihm setzte. Auf etwas größere Distanz hätte sein Sitznachbar als

Double von Sean Connery durchgehen können. Silbergraues Haar, Vollbart und ein perfekt sitzender Anzug, der seine imposante Erscheinung unterstrich. Doch irgendetwas irritierte Florian. Aus den Augenwinkeln sah er, dass der Mann ein Buch aus seiner Tasche holte und begann, darin zu lesen. In Hollywoodfilmen, dachte Florian, trinken die doch immer Cognac oder Whisky bei schlechten Nachrichten. Als er seinen Blick wieder anhob, fiel ihm ein Lokal auf der anderen Straßenseite auf, das er hier noch nie bemerkt hatte. Gut, es wirkte neben den unzähligen Boutiquen und Souvenirläden hier im Ersten Bezirk auch recht unscheinbar, aber dass es ihm bis heute noch nie aufgefallen war? Über einer massiven Holztür und zwei danebenliegenden alten Butzenglasfenstern las er den filigranen, in schmiedeeisernen Lettern gezogenen Schriftzug *mavie*. Na, dann werden wir mal sehen, ob es da drin auch etwas Gebranntes für mich gibt. Als er die Gaststube betrat, empfing ihn eine angenehme, warme Atmosphäre. Der Raum maß lediglich etwa fünfzig Quadratmeter und war mit edlen Polstermöbeln eingerichtet. Die Luft duftete nach einer Mischung aus Kaffee, Holz und Pfeifentabak. Das Licht wirkte etwas schummrig, und verstärkte die behagliche Stimmung noch zusätzlich. Den Ursprung des Kaffeegeruchs konnte Florian auch gleich identifizieren: Eine alte italienische Espressomaschine dominierte die holzvertäfelte Bar, an der gemütliche Hocker zum Verweilen einluden. Im Raum verteilt warteten bequeme Sitzecken auf Gäste. Aus einer dieser Sitzecken begrüßte ihn nun eine weibliche Stimme mit freundlichem Ton: „Herzlich willkommen in unserem bescheidenen Lokal, nehmen Sie Platz, und machen Sie es sich gemütlich, ich bin gleich bei Ihnen."

Florian warf sich in eine Sitzecke, und versank sofort in den weichen Polstern.

„So, junger Mann. Was darf's denn sein? Wir haben handgerösteten italienischen Kaffee, und die Teekarte zählt sicher zu den reichhaltigsten in Wien", strahlte ihn eine großgewachsene blonde Frau in Jeans und weißer Bluse an. Eine markante Brille zierte ihr hübsches Gesicht.

Florian dachte beeindruckt „Das ist vermutlich die eleganteste Kellnerin, die ich jemals gesehen habe" und antwortete dann: „Nein danke, sonst gerne. Aber heute brauche ich etwas Hochprozentiges. Haben Sie auch Schnaps, oder Whisky?"

Das Strahlen in den Augen der Frau flackerte ein wenig und wich einem erstaunten Gesichtsausdruck.

„Hmm, also unsere Whiskeyauswahl kann sich natürlich auch sehen lassen. Dalwhinnie, Cragganmore, Talisker, Lagavulin, Oban, Glenkincie. Welche Geschmacksrichtung darf's denn sein?"

„Der Geschmack ist mir egal, Hauptsache stark."

Die Frau lächelte verschmitzt. „Da hab ich genau das Richtige für dich. Aberlour, Schottischer Highland Single Malt, im Sherry Fass gelagert, 60 Volumenprozent."

Plötzlich hörte Florian eine Stimme hinter seinem Rücken: „Ausgezeichnete Wahl, vielleicht aber ein wenig früh."

Florian drehte sich um und sah den Urheber der Stimme in der Sitzgruppe hinter ihm verschmitzt grinsen. „Moment mal, Sie sind doch der Mann von der Parkbank draußen? Verfolgen Sie mich?"

„Die Dinge sind nicht immer so, wie sie scheinen, mein Freund. Amelie, bring uns doch bitte zwei Espressi, den Whisky können wir nachher auch noch trinken", sagte der Fremde und setzte sich. „Und jetzt verrat mir mal, weshalb du um die Zeit einen Whisky brauchst?"

Eine Aura von Kraft, Ruhe, Entschlossenheit und väterlicher Güte wischte Florians aufkeimenden Widerstand beiseite. „Ich bin Verkäufer und habe gerade eine Absage von einem Kunden erhalten. Tja, und das wird mich finanziell wohl in beträchtliche Schwierigkeiten bringen."

Der Fremde nickte verständnisvoll. „Hmm, ja das ist unangenehm. Sag mal, der Kunde, der abgesagt hat, hat er sich nur entschieden oder schon unterschrieben?"

Die Frau stellte die beiden Espressi auf den Tisch vor den beiden ab. Florian stutzte. „Was soll das heißen? Ich glaube, Sie haben mich nicht verstanden, ich hab doch gesagt, der Kunde hat sich für einen Mitbewerber entschieden."

„Ich hab dich sehr gut verstanden, doch in der Kommunikation sind Missverständnisse die Regel und nicht die Ausnahme. Deshalb frage ich nach. Also nochmal: Hat er sich nur entschieden oder auch schon unterschrieben?"

Florian runzelte die Stirn. „Mir hat die Sekretärin nur gesagt, dass ein Mitbewerber den Zuschlag erhalten hat, mehr weiß ich nicht. Ich hab das Gespräch dann ziemlich schnell beendet."

Der Fremde lächelte geheimnisvoll. „Gut, dann machst du nun Folgendes: Du rufst deinen Kunden an, und sagst ihm, dass du seine Entscheidung natürlich voll akzeptierst und bietest ihm an, dass du ihn nochmal besuchst. Du wirst lediglich 15 Minuten brauchen, um dein Angebot nochmal nachzubessern. Das Gespräch wird für ihn in jedem Fall ein Gewinn sein. Entweder er wird in seiner Ursprungsmeinung bestärkt, oder es ergibt sich für ihn eine interessantere Perspektive. Los geht's, nimm dein Handy und ruf an, denn Verkaufen heißt Entscheidungen erleichtern."

Florian stand der Mund offen. Das konnte er doch nicht machen! Doch irgendwie klang der Vorschlag auch überzeugend. Egal, es gab ja nichts zu verlieren. Er wählte die Nummer seines Kunden und hatte ihn auch nach drei Freizeichen in der Leitung. Der Fremde blickte ihn mit seinen stahlblauen Augen auffordernd an.

„Ähm, Herr Stickler. Florian Schuster spricht. Schön, dass ich Sie gleich erreiche. Ich habe heute von Ihrer Assistentin gehört, dass Sie sich für unseren Mitbewerber entschieden haben. Ich akzeptiere natürlich Ihre Entscheidung, möchte Ihnen allerdings einen Vorschlag dazu machen: Ich freue mich, wenn Sie sich nochmal für ein kurzes Gespräch Zeit nehmen. Ich möchte gerne mit Ihnen sehen, ob ich an unserem Angebot noch Feinjustierungen vornehmen kann. Für Sie ist es in jedem Fall ein Gewinn! Entweder Sie bekommen die letztgültige Bestärkung für Ihre Entscheidung, oder ich kann Ihnen interessante neue Perspektiven aufzeigen. Na, was meinen Sie?"

In Florians Kopf rauschte es. War das sein Blutfluss oder das Rauschen in der Leitung? Gefühlt vergingen Minuten. Plötzlich kam die Antwort des Kunden: „Herr Schuster, das klingt vernünftig. Ich freue mich, dass Sie sich nochmal gemeldet haben. Ich dachte schon, Sie wären an unserem Geschäft nicht so recht interessiert. Kommen Sie doch morgen Vormittag vorbei. Sagen wir um zehn. Passt das für Sie?"

„Ja, ja, natürlich passt das. Ich freue mich auf das Gespräch. Schönen Tag noch, Herr Stickler."

Wie in Trance legte Florian das Telefon beiseite. „Wahnsinn! Ich kann es gar nicht fassen. Das könnte doch glatt noch klappen. Mann, Sie haben mir, wie es aussieht, gerade den Kopf aus der Schlinge gezogen. Wer zum Henker sind Sie?"

Die hübsche Frau, die während der letzten Minuten am Nebentisch gesessen hatte, meldete sich nun zu Wort: „Junge, du bist Verkäufer und kennst ihn nicht? Das ist Severin König. *Der* Verkaufs-König. Der Experte zum Thema Verkauf. Er hat als Redner, Trainer, Coach und Buchautor über 30 Jahre lang Menschen im Verkauf erfolgreicher gemacht. Mittlerweile hat er sich aber zurückgezogen, dieses Lokal hier gekauft und engagiert sich ehrenamtlich für soziale Projekte."

Der Fremde lächelte fröhlich und reichte Florian die Hand. „Tja, man tut was man kann, nicht wahr?! Gratuliere zu deinem Erfolg am Telefon. Mein Name ist Severin König. Und das ist Amelie. Sie war jahrelang meine rechte Hand und Managerin. Ohne sie hätte ich es wohl nicht zum Verkaufskönig, sondern bestenfalls zum Hofnarren gebracht. Und du bist Florian, wenn ich das am Telefon gerade richtig verstanden habe."

Florian war ein wenig verlegen. „Severin, das tut mir leid, dass ich dich nicht gekannt hab. Ich hab mich bisher nicht so sehr für Weiterbildung im Verkauf interessiert. Aber das, was du mir da jetzt gerade gezeigt hast, das war echt genial. Hat voll Spaß gemacht!"

Severin grinste. „Keine Sorge, mein Geltungsdrang hält sich in Grenzen. Meine Mission in den letzten Jahrzehnten war es, den Menschen zu zeigen, wie leicht verkaufen sein kann. Verkaufen ist keine Raketenwissenschaft. Jeder kann verkaufen! Die Voraussetzung dafür ist allerdings der Wille und der Mut zur Veränderung. Du hast Mut gezeigt und meinen Vorschlag gleich umgesetzt."

Jetzt strahlte auch Florian stolz. „Cool, kannst du mir nicht noch ein paar Tricks zeigen?"

Severins Gesichtsausdruck wurde plötzlich ernst.

„Mein lieber Florian, damit wir uns da richtig verstehen. Beim Verkaufen gibt es keine Tricks. Ein Zauberkünstler verwendet Tricks und täuscht damit seine Zuschauer. Das ist voll OK, denn die zahlen schließlich dafür und erwarten auch nichts anderes. Im Verkauf sind Täuschungen ein No-Go. Die Folge davon sind im wahrsten Sinne des Wortes ent-täuschte Kunden. Professionelle Verkäufer bauen eine Vertrauensebene auf und geben dem Kunden Sicherheit. Im Gegenzug erhalten wir die Möglichkeit, den Kunden bei seiner Entscheidungsfindung zu unterstützen. Was ich dir vorhin gezeigt habe, ist genauso ein Baustein, der es dem Kunden erleichtert, die richtige Entscheidung zu treffen. Aber ich verstehe deinen Wunsch. Ganz ehrlich, auch mir hat es Spaß gemacht, dich ein Stück weiterzubringen. Das hatte ich in der letzten Zeit ein wenig vermisst. Ich werde dir jetzt einen Vorschlag machen. Hör mir gut zu, denk gut darüber nach und antworte nicht vorschnell. Ich biete dir ein exklusives Coaching an. Das Coaching dauert ein Jahr, in dem wir gemeinsam 26 Erfolgsfaktoren bearbeiten werden. Kein Tag mehr, kein Tag weniger. Alle 14 Tage werden wir einen neuen Faktor besprechen. Ich werde dich begleiten, unterstützen, herausfordern, provozieren und inspirieren. Am Ende wirst du die sechsundzwanzig maßgeblichen Erfolgsfaktoren der Spitzenverkäufer kennen und beherrschen und damit zur Verkaufselite zählen. Ich verlange kein Geld, sondern lediglich dein volles Commitment zu dieser Herausforderung. Am Wichtigsten allerdings ist mir deine Zusicherung zur Verschwiegenheit. Du wirst weder deinen Kollegen noch deinem Chef oder deinen Kunden von unserem Coaching erzählen. Betrachte es als unser gemeinsames Geheimnis. In Ordnung?"

Florian spürte ein elektrisierendes Pulsieren in seinem Kopf. Ihm wurde heiß und kalt zugleich, die Zeit schien stillzustehen. Plötzlich registrierte er ein Blinzeln in Severins Augen. Sein Kopf war wieder klar. „Ja, ich bin bereit."

Severin legte seine Hand auf Florians Schulter. „Gut, dann beginnt hier unsere Reise."

1. Vorbereitung

Severin stand auf und ging hinter die Bar. Von dort holte er einen Schreibblock und eine Füllfeder. „Schön, denn wir starten heute gleich mit der ersten Lektion. Du wirst morgen deinen Kunden besuchen, wie bereitest du dich denn vor?"

Florian machte eine abwehrende Handbewegung. „Ach Severin, ich hab da diesen Kollegen, den Fritz. Er ist schon ewig im Verkauf. Und er sagt, dass Vorbereitung Zeitverschwendung ist. Wenn man seine Kunden kennt, dann weiß man alles, was wichtig ist, und außerdem verlaufen die Gespräche sowieso immer anders als geplant."

„Aha, spannender Bursche, dieser Fritz. Ist das der Top-Verkäufer der Mannschaft?'

Florian schüttelte den Kopf. ‚Nein, aber das liegt an seinem Gebiet. Die Kunden dort sind einfach vom Mitbewerber versaut. Die kaufen nur billig, sagt der Fritz."

„OK, dann einigen wir uns nun auf folgende Vereinbarung: Zukünftig beziehst du deine Ratschläge ausschließlich von den vertrauenswürdigen und absoluten Top-Leuten in deiner Umgebung. Verstanden?"

Florian runzelte die Stirn. „OK, die Top-Leute kann ich ja leicht identifizieren, aber woran erkenne ich die Vertrauenswürdigen?"

„Die Frage ist berechtigt, Florian. Zukünftig fragst du im Zweifel einfach: Ist die Person in Bezug auf das Thema ein anerkannter Experte? Hat sie in diesem Segment überdurchschnittliche Leistungen erbracht? Hat sie in Bezug auf das Thema langjährige Erfahrung? Was ist die Quelle der Information? Welche Beweise gibt es dafür? Wenn die Person es gut mit dir meint und auch vertrauenswürdig ist, dann wird sie dir diese Fragen auch hinreichend beantworten können."

Florian verstand. „OK, ich denke, dass mir Fritz wohl keine Beweise für seine Behauptung bringen kann, und die Quelle der Information ist eigentlich nur er selbst. Jetzt, wo ich drüber nachdenke, fällt mir etwas ein: Der Clemens, unser Top-Verkäufer, hat mir mal gesagt, dass der Fritz ein Dampfplauderer ist. Er kann zwar viel reden, aber nicht zuhören. Aber zuhören können ist im Verkauf wichtiger als reden. So erfährt man, wo beim Kunden der Schuh drückt. Deshalb kriegt der Fritz auch seine Preise nie durch."

„Siehst du, das meine ich. Lass dich nicht von Menschen beeinflussen, die selbst nichts draufhaben. Die brauchen nur jemanden, der ihnen bestätigt, dass immer alle anderen schuld an ihrem Unglück sind. Also sehen wir uns jetzt an, wie du dir das Leben mit einer ordentlichen Vorbereitung erleichtern kannst und die Weichen auf Erfolg stellst. Dann bist du immer einen Schritt voraus. Vorbereitung ist die halbe Miete für deinen Erfolg!"

Florian richtete sich erwartungsvoll auf. „Alles klar, Captain. Ich bin bereit."

Severin nahm den Block und reichte ihn Florian. „Welchen Umsatz hat dein Kunde im abgelaufenen Jahr gemacht, und wie war die Entwicklung zu den Vorjahren?"

„Keine Ahnung."

„Das dachte ich mir schon. Es gibt zwei wesentliche Bereiche für deine Vorbereitung. Nummer eins habe ich gerade angeschnitten. Zukünftig bringst du vor jedem Termin alle wichtigen Informationen über deinen Kunden und die betriebswirtschaftlichen Kennzahlen in Erfahrung. Wie viele Mitarbeiter hat dein Kunde, wie viele Standorte, wo steht das Unternehmen in der Branche, Umsatz und Gewinnentwicklung, Stärken und Schwächen, Mitbewerber, Produktangebot, letzte Pressemeldungen. Dich interessiert auch, mit wem du es zu tun haben wirst. Welche Ausbildung, welcher Titel, welcher Kompetenzspielraum im Unternehmen, was ist dessen Zielsetzung für den bevorstehenden Termin, was ist in sozialen Netzwerken wie XING, Facebook & Co zu finden? In jedem Fall solltest du dann ein gutes Bild vom Unternehmen und deinen Ansprechpersonen haben. Der zweite Punkt betrifft deine Strategie. Was ist dein Ziel, beziehungsweise, was ist dein Subziel, wenn du Ziel eins nicht erreichst? Wie willst du ins Gespräch einsteigen, welche Fragen wirst du stellen, welche Nutzenargumente hast du für deinen Vorschlag in petto, mit welchen Einwänden kannst du rechnen und wie möchtest du darauf reagieren? Wie wirken sich Konditionenanpassungen auf deinen Deckungsbeitrag aus? Wie wirst du auf Rabattforderungen reagieren? Was kannst du ggf. als Gegenleistung einfordern? Welche Abschlussfragen kannst du stellen?"

Florians Augen wurden bei jedem Satz von Severin größer. „Aber das ist ja Wahnsinn! Soviel Informationen, da brauche ich ja ewig für die Vorbereitung!"

Severins Miene blieb ernst. „Florian, kennst du die Geschichte von Til Eulenspiegel, der nach dem Weg gefragt wird? Lass sie mich dir erzählen. Til Eulenspiegel wandert an einer einsamen Straße entlang. Plötzlich hört er hinter sich lautes Hufgetrappel. Ein Sechsspänner bremst sich lautstark neben ihm ein. Das entspricht in etwa einem Porsche 911 von heute. Der Kutscher ruft respektlos zu Til Eulenspiegel: ‚He Wandersmann, wie lange ist es noch in die nächste Stadt?' Der entgegnet: ‚Wenn du in diesem Affentempo weiterfährst, dann kommst du vor der Dämmerung wohl nicht mehr an. Fahr langsamer, dann bist du in einer Stunde dort!' Der Kutscher schnaubt verächtlich: ‚Idiot, ich hab mir schon gedacht, dass du nicht ganz dicht bist' und prescht wieder los. Til Eulenspiegel lacht lauthals und wandert gemächlich weiter. Nach etwa einer Stunde kommt er zu einer unübersichtlichen Kurve, die noch dazu abschüssig liegt. Am Kurvenausgang liegt die Kutsche mit gebrochenem Rad im Graben, und der Kutscher flucht bei der anstrengenden Reparatur. ‚Siehst du,' sagt Til ‚ich hab dir ja geraten, langsam zu fahren. Dann hättest du die Kurve rechtzeitig gesehen und wärst schon in der Stadt.' Die Moral von der Geschichte: Wenn du es eilig hast, gehe langsam. Natürlich kannst du auf all die Informationen und Vorbereitungen verzichten. Florian, du wirst allerdings bemerken, dass du am Ende viel mehr Zeit für den Verkaufsprozess und den Abschluss brauchen wirst, weil du aufgrund der fehlenden Informationen immer wieder Widerstände und Hindernisse erfährst, die dir besser erspart geblieben wären."

Jetzt musste Florian nicken. „Hm, das klingt logisch, Severin. Lektion verstanden!"

Der Coach lächelte freundlich. „Schön Florian. Dann ist unsere erste Coaching-Einheit nun beendet. Doch verstanden ist noch nicht umgesetzt. Du wirst nach jeder Lektion von mir eine Aufgabe bekommen." Severin zog aus seinem Sakko einen pergamentfarbenen Briefumschlag heraus und reichte ihn an Florian. „Hier ist die Aufgabe für diese Woche. Öffne den Umschlag zu Hause. Arbeite die Punkte sorgfältig aus. Wir sehen uns in zwei Wochen am Montagabend um 19 Uhr wieder hier. Vierzehn Tage sind ein angemessener Zeitraum, um die neuen Gewohnheiten zu festigen. Top-Verkäufer haben ein perfektes Zeitmanagement, also sei pünktlich, das ist mir wichtig. Ach ja, der Kaffee geht aufs Haus."

Florian verabschiedete sich, bedankte sich nochmal bei Severin und Amelie und verließ das Lokal. Während der Fahrt in seine Wohnung ließ er den Tag und die schicksalshafte Begegnung mit seinem neuen Coach noch einmal Revue passieren. Zu Hause angekommen, öffnete er den Briefumschlag, der mit einem roten Siegel verschlossen war, und fand darin seine Aufgabe.

Das gibt's ja jetzt nicht, dachte er plötzlich. Severin hat den versiegelten Umschlag aus seinem Sakko geholt. Während des gesamten Aufenthaltes im *mavie* hat er nichts geschrieben. Wie konnte es sein, dass im Umschlag nun seine Aufgaben zum Thema Vorbereitung zum Vorschein kamen? Sehr geheimnisvoll! Egal, hier waren seine Aufgaben, und er machte sich sofort an die Arbeit ...

Deine Aufgabe zu diesem Coaching:

- *Erstelle eine individuelle Vorbereitungscheckliste für Neu- & Bestandskunden.*

- *Welche Informationen brauchst du über das Unternehmen?*

- *Welche Informationen kannst du über die einzelnen Personen herausfinden?*

- *Welche Punkte sind für deine Gesprächsstrategie relevant?*

2. Ziele

Florian war topmotiviert. Tatsächlich war es ihm gelungen, seinen Kunden zurückzugewinnen. Er musste nicht einmal Rabatt geben! Es hatte gereicht, dem Kunden ein längeres Zahlungsziel zu gewähren, was angesichts der hohen Bonität kein Problem darstellte. Der heißersehnte Bonus war schon auf dem Weg auf Florians Konto. Die Eigenmittel für den Immobilienkredit waren hinterlegt. Seine Freundin Katharina, mit der er erst seit einem halben Jahr zusammenwohnte, war ihm bei der guten Nachricht begeistert um den Hals gefallen. Als er kurz vor sieben auf das *mavie* zusteuerte, fühlte er sich unbesiegbar. Passend zu seiner Stimmung parkte davor ein schwarz glänzender Porsche Panamera. „Vielleicht schon bald meiner", dachte er sich und schmunzelte kurz darauf über diesen kühnen Gedanken. Als er eintrat, empfing ihn wieder die vertraute Atmosphäre. Ein bisschen fühlt es sich an, als würde man eine eigene Welt betreten ging ihm durch den Kopf. Drei Personen standen an der Bar und unterhielten sich. Er erkannte Severin, Amelie und einen Mann mit Poloshirt und Jeans.

„Ah, hallo Florian. Schön, dich zu sehen", begrüßte Severin ihn. „Darf ich dir meinen Freund Walter vorstellen? Walter wollte Amelie und mich noch kurz besuchen, ehe er nach Monaco fliegt."

Florian war ein wenig verlegen. „Guten Tag, schön, Sie kennenzulernen."

Der braungebrannte Mann reichte Florian freundlich die Hand. „Die Freude liegt ganz auf meiner Seite. Severin hat mir letzte Woche schon von dir erzählt. Er hält scheinbar große Stücke auf dich."

Florian zuckte schüchtern mit den Schultern. „Na, dann hoffe ich, dass ich ihn nicht enttäuschen werde."

Walter legte den Kopf schief. „Mein Lieber, unsere größte Angst ist nicht unser Versagen. Was wir am meisten fürchten ist unser großartiges Potenzial. Dass wir viel besser sein könnten, als wir glauben. Aus Solidarität zu unseren Vorfahren, Eltern, Geschwistern, Freunden, Kollegen und zu unserem derzeitigen Ich bleiben wir lieber klein, damit wir niemanden durch unsere Größe in Verlegenheit bringen. Doch hier liegt ein fatales Missverständnis vor, denn wahre Größe zeigen bedeutet, dass du das Potenzial, das dir gegeben wurde, voll ausnutzt. So feiert man das Leben."

Florian kratzte sich am Ohr. „Hm, so hab ich das bisher noch nicht gesehen. Wo ich herkomme, da wird Bescheidenheit ganz groß geschrieben."

Walter nickte. „Und genau da liegt eben das Missverständnis. Bescheidenheit bedeutet Dankbarkeit und Demut gegenüber dem, was man hat. Aber es bedeutet eben nicht, dass man sich selbst klein machen soll. Dadurch machst du alles, was dir von deinen Vorfahren, Freunden, Kollegen mitgegeben wurde, all die Erfahrung, die du gemacht hast, klein. Und das ist respektlos. Und Respektlosigkeit hast weder du noch irgendjemand in deinem Umfeld verdient, oder nicht?"

Florians Wangen färbten sich rot. „Ähm, nein. Das stimmt. Lass es mich also anders formulieren. Ich bin mir sicher, dass Severin sehr stolz auf mich sein wird."

Jetzt lachten alle vier ausgelassen. Amelie klopfte Florian bestärkend auf die Schulter. Walter blickte auf seine wertvolle Glashütte-Uhr und sprang von seinem Hocker.

„Sorry Leute, ich muss los. Mein Flugzeug wartet."

Amelie schnaubte: „Jetzt tu mal nicht so, es ist *dein* Flugzeug. Das wartet auch länger."

„Das mag schon sein, aber weil wir gerade über Respekt gesprochen haben. Ich habe den Piloten gesagt, dass ich um 20.30 Uhr spätestens am General Aviation Terminal sein werde. Die Jungs fliegen mich nach Nizza und wollen dann wieder nach Hause. Also, schönen Abend noch euch dreien."

Schon war er zur Tür draußen und der starke Motor seines Porsches dröhnte beim Wegfahren noch durch die schwere Tür.

„Wow, was für ein Typ. Da möchte ich auch mal hin. Fettes Auto, geile Uhr, Privatjet, Wohnung in Monaco. Da schlägt das Herz höher", schwärmte Florian.

„Schön, dann haben wir schon das Thema für unsere zweite Lektion", begann Severin „Was sind denn deine Ziele, Florian, was ist dir wichtig in deinem Leben?"

„Na, in dieser Reihenfolge. Ich soll ja nicht bescheiden sein, hat Walter gerade gesagt. Ich nehme das volle Programm."

Severins Blick wurde wieder ernst. „Sehr gut, Florian. Große Ziele bedeuten viel Energie und Motivation für dich. Viele junge Menschen in deinem Alter haben ähnlich hochgesteckte Ziele. Die sozialen Medien sind voll von coolen jungen Typen im Privatjet, die dir die Abkürzung zum Glück zeigen wollen. So weit, so gut. OK, ich fasse zusammen: Großes Auto, Privatjet, geile Uhr, Wohnung in Monaco ...", es folgte eine kurze Pause, in der Severin Florian tief in die Augen blickte. „Das volle Programm also. Dann kommt der guten Ordnung halber aber unter Umständen noch dazu: ein Herzinfarkt, zwei geschiedene Ehen und ein dreimonatiger Klinikaufenthalt nach einem Burnout."

Florians Mund klappte auf. „Was? Das kann nicht sein. Das sieht man dem Typ aber nicht an."

Amelie nickte: „Florian, was meinst du, wie oft es hinter der Fassade von Glück, Reichtum und Wohlstand ganz gewaltig bröckelt. Was wir vordergründig als Erfolg zu erkennen glauben, ist manchmal ein zutiefst unglückliches Leben. Wie sagt man so schön? Never judge a book by it's cover."

Florian war zutiefst verwirrt. „Also stimmen die Sprüche: *Geld verdirbt den Charakter* und *Geld stinkt.*"

Severin schüttelte den Kopf. „Nein Florian, das sind Sprüche von Menschen, auf die du zukünftig nicht mehr hören wirst. Das haben wir in der letzten Lektion besprochen. Die Wahrheit ist: Geld verdirbt nicht den Charakter. Geld bringt deinen Charakter erst so richtig zum Vorschein. Und Geld stinkt auch nicht, es vergrößert deinen Handlungsspielraum. Was du damit dann machst, ist deine Sache. Du kannst dir eine Yacht in Monaco kaufen oder ein Kinderheim bauen. Walter ist jahrelang nur von einem Erfolg zum nächsten gehetzt. Geld war seine Droge. Besitz und Statussymbole waren der einzige Fokus in seinem Leben. Doch dabei hat er völlig aus den Augen verloren, was wirklich wichtig ist. Geld, teure Autos und schöne Uhren machen Spaß, aber am Ende ist es nur Spielzeug. Spielzeug, das über eine tiefe Leere hinwegtäuschen soll."

Amelie lächelte: „Wie sagt man so schön, nach der Täuschung kommt die Enttäuschung. Wirklich wichtig im Leben sind am Ende die Dinge, die du nicht kaufen kannst. Walter hat seine Hausaufgaben gemacht und die Täuschung hinter sich gelassen. Früher war sein Motto: ‚Was hab ich davon, dass es andere gibt?' Heute fragt er sich: ‚was haben andere davon, dass es mich gibt?'"
Er ist ein großartiger Mann, der ein erfolgreiches Unternehmen leitet und sich parallel dazu um Menschen kümmert, die in unserer Gesellschaft unter die Räder gekommen sind. Und das Schöne daran ist: Jetzt kann er seinen Reichtum erst wirklich genießen."

Florian war erleichtert. „Das klingt schon besser für mich. Ich kann mir also meine Träume erfüllen und muss trotzdem nicht zum arroganten Arschloch mutieren."

Severin lachte lauthals. „Tja, so hätte ich es nicht ausgedrückt, aber lassen wir es erstmal so stehen. Du hast heute also erkannt, dass Ziele in unserem Leben eine ganz wichtige Komponente darstellen. Sie sorgen permanent für Energie, wenn wir sie brauchen. Sie liefern die Antwort auf die Frage: Warum? Warum tu ich mir das an? Warum soll ich aufstehen? Warum jetzt nochmal den Telefonhörer in die Hand nehmen und einen Neukunden anrufen? Wenn du die Antwort formulierst, dann kann dir dabei die SMART-Formel helfen. Das heißt, die Ziele sollen S wie *Spezifisch* formuliert sein, so detailliert wie möglich. Deshalb auch M wie *Messbarkeit* ist wichtig, du willst ja schließlich wissen, dass du das Ziel erreicht hast. A steht für *Attraktiv*. Es soll schon kribbeln beim Gedanken an das Ziel. R steht für *Realistisch*. Das steht in einem engen Zusammenhang mit dem T wie *Termin*. Viele Menschen überschätzen, was in einem Jahr möglich ist, doch sie unterschätzen, was in 5 Jahren realistisch ist. Du kannst dir auch ein Vision-Board anlegen, wo du eine Collage aus all deinen Zielen erstellst. Kombiniere unbedingt kurz-, mittel-, und langfristige Ziele. Sonst arbeitest du vielleicht an einem großen Ziel und stürzt dann bei der Erreichung in ein schwarzes Loch, weil dahinter nichts mehr kommt."

Amelie hakte hier ein: „Noch viel wichtiger ist allerdings, dass du unbedingt *vorher* deine Werte definierst. Was ist dir wichtig in deinem Leben? Worauf willst du nie verzichten? Wofür bist du angetreten? Was sollen die Menschen an deinem Grab über dich erzählen? Er hatte ein fettes Auto und eine große Uhr, aber die konnte er scheinbar nicht lesen, denn er kam zu den wichtigen Veranstaltungen immer zu spät oder gar nicht? Sicher nicht, oder? Was willst du der Welt hinterlassen, Florian, was ist noch größer als du?"

Florian hätte eine Stecknadel fallen hören können. Er hatte einen Kloß im Hals. „Amelie, das kann ich nicht beantworten. Nicht so schnell. Dafür brauche ich Zeit."

„Ganz genau Florian, dafür brauchst du Zeit. Ich würde jetzt einmal sagen, für den Anfang sind zwei Wochen ganz gut." Severin griff hinter die Theke und machte eine Schublade auf. Daraus entnahm er einen pergamentfarbenen Umschlag mit rotem Siegel. „Wir sehen uns in zwei Wochen am Montag. Gleiche Uhrzeit. Hab eine schöne Zeit."

Deine Aufgabe zu diesem Coaching:

- *Was ist dir wirklich wichtig in deinem Leben?*
- *Was sollen die Menschen an deinem Grab über dich erzählen? (Nimm dir mindestens eine Stunde Zeit für diese Übung)*
- *Welche Ziele hast du beruflich/privat/sozial?*
- *Formuliere diese Ziele SMART (Spezifisch, Messbar, Attraktiv, Realistisch, Terminiert)*

3. Konsequenz bei Assistenz

„Hallo Amelie", begrüßte Florian die Frau hinter der Bar, die verwundert auf ihre Uhr blickte.

„Grüß dich, Florian, 15 Uhr? Bist du nicht erst um 19 Uhr mit Severin verabredet?"

„Schon, aber ich muss unbedingt Neukundenakquise machen, und ich habe im Büro einfach keine Nerven. Ich kann das nicht leiden, wenn mir alle zuhören. Stört es dich, wenn ich von hier aus telefoniere?", antwortete Florian.

Amelie schmunzelte: „Mein Lieber, der Toleranzbereich einer Gastronomin reicht weit, sehr weit. Glaub mir, telefonieren steht auf der Skala der Dinge, die wir tagtäglich hinnehmen, ganz unten! Was magst du denn trinken?"

Florian musste lachen. „Einen doppelten Espresso und ein Mineralwasser bitte."

„Kommt sofort, Monsieur."

Florian packte seinen Laptop und sein Mobiltelefon aus. Nachdem er seinen Kaffee getrunken hatte, wählte er die erste Nummer. „Guten Tag, Schuster spricht. Ist vielleicht Herr Bodenstein zu sprechen? Nein? Wann ist er denn wieder da? Hm, OK, dann probiere ich es morgen wieder."

Na, das war ja schon mal ein Reinfall. Leider ging es in diesem Muster weiter. Ständig wurde er von genervten Assistentinnen abgewimmelt. Seine Laune sank mehr und mehr. „Ich hasse Telefonakquise", murmelte er. Wieder wählte er eine Nummer. „Ah, Guten Tag Herr

Lüdenmann." Endlich hatte er einen Entscheider direkt ohne Umwege erreicht. „Ich würde gerne bei Ihnen vorbeikommen und Ihnen unsere neuen Produkte zeigen. Haben Sie vielleicht irgendwann Zeit? Nein? OK. Ja, wann haben Sie denn dann Zeit? Wissen Sie nicht? Gut, darf ich Ihnen Unterlagen schicken? Toll, ich wiederhole mal die Mailadresse: info@lüdenmann.com. Darf ich mich dann nächste Woche wieder melden? Fein. Dann auf Wiederhören." Florian beendete zufrieden das Gespräch.

„Gratuliere Florian", hörte er Severins Stimme vergnügt hinter seinem Rücken.

„Oh danke, ich habe dich gar nicht kommen hören", erwiderte Florian.

„Das lag wohl daran, dass du so konzentriert telefoniert hast. Ich denke, es hat sich trotzdem bei deinen Notizen ein Fehler eingeschlichen. Die Mailadresse lautet nicht info@lüdenmann.com, sondern spam@lüdenmann.com."

„Du nimmst mich jetzt auf den Arm, oder", stutzte Florian.

„Leider nein, denn das Ergebnis wird das Gleiche sein. Sorry, ich habe dir schon ein paar Minuten zugehört. Hat es nur mir körperliche Schmerzen bereitet oder dir auch?"

Florian schaute erst beleidigt, dann ertappt. „Also, ich glaube, es ist relativ offensichtlich, dass mich diese Keilerei am Telefon voll nervt."

Severin setzte sich zu Florian. „Es ist zwar erst 19 Uhr ausgemacht, doch ich denke, wir haben hier ein Thema gefunden. Eines vorweg: *‚Kunden küssen keine Keiler!'*"

Amelie lachte hinter der Bar laut auf: „Na hallo Severin, da bekommt der Begriff Kundenbeziehung ja eine ganz neue Dimension."

Severin zog schelmisch einen Mundwinkel hoch. „Was ich damit aussagen will: Niemand mag Keiler! Keilen steht für labern, lügen und lästig sein. Klar kann man so auch Geschäfte machen. Kurzfristig vielleicht auch sogar sehr viel verkaufen. Aber langfristig heben Kunden das Telefon nicht mehr ab, wenn sie die Nummer erkennen und sie wechseln die Straßenseite, wenn sie solche Verkäufer erblicken. Unser Ziel ist eine langfristige Kundenbeziehung, die auf Zuhören, Vertrauen und Wertschätzung basiert, und da hat Keilerei garantiert keinen Platz."

„Klingt gut für mich", antwortete Florian ohne zu zögern.

„Gut, dann zu unserem heutigen Thema. Neukundenakquise ist einer der wichtigsten Erfolgsbausteine für Spitzenverkäufer. Manche Unternehmen lagern die Akquise an eigene Abteilungen oder externe Call Center aus. Doch merk dir, niemand kann deine eigenen Kunden so effizient akquirieren wie du selbst. Du kennst deine Kunden, deinen Markt, deine Mitbewerber und deine Produkte besser als jeder andere das kann. Telefonakquise ist daher Chefsache."

Florian hatte geduldig zugehört. „Das glaube ich ja alles, Severin. Aber es ist total mühsam. Ein Nein nach dem anderen zu kassieren, das macht doch keinen Spaß."

„Genau, da sprichst du einen springenden Punkt an. Telefonverkauf und Terminakquise leben von der Quantität. Das bedeutet, dass je nach Branche selbst die Besten eine Quote von 1:5, 1:10, manchmal 1:20 oder mehr haben. Also, ein Termin pro fünf Anrufe oder einer von zehn und so weiter. Wenn du nun mit der Einstellung reingehst, dass ein Nein negativ ist, dann bist du nach spätestens einer Stunde so schlecht drauf, dass du nur mehr sagst: Ich wollte mich melden, aber Sie wollen sicher keinen Termin mit mir, oder?"

Florian lachte. „Glaub mir, so etwas hätte ich heute schon fast gesagt."

Severin fuhr fort. „Spitzenverkäufer lieben Neins. Natürlich lieben sie noch viel mehr die Jas! Doch sie wissen ganz rational, dass statistisch jedes Ja fünf, zehn oder mehr Neins braucht. Du kannst einfach eine Strichliste machen und bei jedem Nein schon mental jubilieren, weil du dem nächsten Ja einen Schritt nähergekommen bist. Eine alternative Variante: Du rechnest dir deinen Umsatz aus, den du mit Neukunden pro Woche machst. Sagen wir das wären 5.000 Euro. Wenn du nun vierzig Telefonate pro Tag machst, fünfmal die Woche, dann sind wir bei zweihundert Telefonaten. Weil die Jas, wie schon bemerkt, nur eine Teilmenge von unzähligen Neins sind, zählt jedes Telefonat, das du führst. Daher dividierst du den Umsatz pro Woche durch die Telefonate pro Woche und landest bei einem Wert von 25 Euro pro Gespräch. Und zwar unabhängig davon, ob du ein Ja oder ein Nein kassierst. Du wirst sehen, dadurch wirst du viel gelassener und gehst lockerer mit dem Kunden um. Das wird ziemlich bald zu einer gesteigerten Termin- bzw. Verkaufsquote führen."

Florian hatte im Kopf mitgerechnet. „In meinem Fall wären das bei meiner derzeitigen Quote 30 Euro pro Telefonat! Das ist ja cool, wenn ein Kunde jetzt Nein sagt, dann sag ich ihm: Danke, Sie haben mir gerade zu 30 Euro verholfen!"

Severin grinste. „Genau diesen Spirit brauchst du beim Telefonieren. Aber das allein reicht natürlich noch nicht. Jetzt braucht es auch noch ein paar clevere Formulierungen, die dir und deinen Gesprächspartnern das Leben etwas erleichtern. Fangen wir im Vorzimmer der Macht an ..."

Florian unterbrach ihn. „Ja, bitte! Sag mir, wie ich an diesen fiesen Assistentinnen vorbeikomme."

„Stopp, was hat dir Walter letzte Woche zum Thema Respekt beigebracht?"

Florian blickte verschämt. „Dass ich mich selbst respektieren soll und auch alle anderen Menschen."

„Stell dir vor, du bist in einer leitenden Position und hast viel zu tun. Du musst den ganzen Tag viele Entscheidungen treffen, mit vielen Menschen sprechen, deine Zeit ist begrenzt. Was wäre dein Auftrag an deine Assistentin?"

Florians Antwort kam sofort. „Stell mir bloß niemanden durch, blocke alles ab, was geht "

Severins Antwort überraschte Florian. „Ja, ich weiß. Die meisten Verkäufer glauben, dass das die Aufgabe der Assistentinnen ist. Doch das ist natürlich Blödsinn. Wenn das der Auftrag wäre, dann würde die Assistentin ja auch alle Kunden und Geschäftspartner abblocken.

Die Firma wäre innerhalb kürzester Zeit pleite. Diese Damen und Herren haben einen verdammt schwierigen und verantwortungsvollen Job. Sie müssen in kürzester Zeit herausfinden, welcher Anruf wichtig ist und welcher nicht. Dazu bedienen sie sich ihrer Erfahrung und einer Frage, die jeden schlechten Verkäufer sofort identifiziert. Du kennst diese sicher."

Florian wusste natürlich die Antwort. „Klar, die fragen immer: Worum geht's denn?"

„Richtig! Und daher warten Profis auch nicht darauf, dass diese Frage gestellt wird, sondern beantworten diese schon vorweg. Die Profis am *anderen* Ende der Leitung sind zufrieden und stellen durch."

Florian war nun neugierig geworden. „Das klingt ja fast zu einfach."

Severin zuckte mit den Schultern. „Ist es eigentlich auch. Wichtig ist zunächst, dass du jegliche Konjunktive aus deinem Sprachgebrauch verbannst. Kein Kunde, der im Monat hunderttausend oder mehr Euros überweist, sagt am Telefon: ‚Ich würde gerne mit Herrn Meier sprechen. Wäre er vielleicht im Haus?' Verwende eine Sprache, die Sicherheit vermittelt. Du begrüßt die Assistenz mit ihrem Namen, nennst dann deinen Namen bzw. dein Unternehmen, und beendest die Begrüßung mit einer nochmaligen Grußformel. ‚Guten Tag Frau Meier, Severin König von König Productions, Guten Morgen.' Jetzt hast du schon mal gute Stimmung. Dann kommst du gleich zur Sache: ‚Ich brauche Herrn Thomas Meier, vielen Dank.' Kurz und bündig. Wenn du nun noch die

Antwort auf ‚Worum geht's' detailliert und präzise vorwegnimmst, und zwar mit einer Formulierung, die den Kunden im Fokus hat und nicht dein Produkt, dann bist du im Rennen. Du beziehst dich dabei auf etwas, das die Assistentin kennt. Zum Beispiel: ‚Es geht um seine Eröffnung des neuen Produktionsgebäudes nächsten Monat, speziell um den genauen Ablauf ' Oder: ‚Es geht um seine Fahrzeugpräsentation in ihrer Hauptniederlassung, genau gesagt um die letzten Details' und weiter: ‚Dazu brauche ich seine Entscheidung als Geschäftsführer, Dankeschön.' Jetzt erübrigt sich die Frage, die Begründung klingt plausibel, der Weg ist frei."

Florian hatte sich Notizen dazu gemacht. „Und was ist, wenn der Entscheider gar nicht da ist?"

„Dann hast du genau die richtige Person am Apparat, die dir dabei helfen kann. ‚Frau Huber, Sie kennen den Terminkalender von Herrn Müller ja am allerbesten. Helfen Sie mir, wann kann ich ihn denn idealerweise gut erwischen?'"

Florian war fleißig am Schreiben.

„Besonders leicht hast du es, wenn du eine Referenz nennen kannst. Angenommen, du hast den Geschäftsführer bei einer Abendveranstaltung kennengelernt. Er war grundsätzlich interessiert, hat dir aber als Ansprechperson Herrn Müller genannt. Dann kannst du zur Assistentin sagen: ‚Der Geschäftsführer hat mich gebeten, dass ich mit Herrn Müller spreche.' Da kann sie gar nicht nein sagen, denn das könnte Schwierigkeiten bedeuten. Ein weiterer Weg ist die Umformulierung von branchenüblichen Reizworten in Worte, die bewusst positiv belegt sind. Statt: ‚Ich habe ein Angebot oder ich möchte einen Termin' sagst du: ‚Es geht um eine potenzielle Zusammenarbeit' oder ‚Es geht um eine Kooperation' oder auch ‚Ich habe eine Anfrage in Bezug auf Ihr neues Produkt'. Vielleicht hast du auch vor einem Jahr mit ihm telefoniert und Herr Müller hat damals gesagt: ‚Kein Interesse, frühestens in einem Jahr.' Dann sagst du jetzt natürlich nicht: ‚Herr Müller hat vor einem Jahr gesagt, ich kann mich irgendwann wieder melden.' Du hast es doch heute in deinem Terminkalender stehen, oder nicht? Deshalb kannst du wahrheitsgemäß sagen: ‚Ich habe Herrn Müller versprochen, dass ich mich heute bei ihm melde, wenn Sie mich bitte mit ihm verbinden, danke.'"

Florian schrieb immer noch. „Ich weiß, du hast gesagt, wir machen keine Tricks, aber das klingt schon verdammt nach Zauberei. Ich kann gar nicht erwarten, das alles auszuprobieren."

Severin war zufrieden. „Sehr gut, du wirst sehen: Je lockerer du im Umgang mit den Menschen im Vorzimmer wirst, umso mehr Spaß wird es dir machen. Ach ja, und für den unwahrscheinlichen Fall, dass du es tatsächlich mit jemandem zu tun bekommst, der dich nur abwimmeln will: Wähl einfach einmal eine andere Durchwahl. Dann kommst du, sagen wir, in die Buchhaltung. Dort sagst du dann: ‚Mein Gott, ich hab mir scheinbar die falsche Durchwahl von Herrn Meier notiert. Können Sie mir die richtige geben?' Mach das aber am besten mit unterdrückter Nummer, denn du könntest wieder zur Assistenz kommen. Für diesen Fall ist die Zeit immer auf der Seite der Geduldigen. Keine Assistenz ist immer da. Ruf zu Tagesrandzeiten oder mittags an. Probiere es an einem Freitagnachmittag oder an einen Tag zwischen Feiertag und Wochenende. Wenn der Kunde wichtig ist, dann lohnt sich diese Extrameile garantiert." Apropos Extrameile: Die Aufgabe für diese Woche hat dir Amelie vorhin schon gebracht. Ich habe jetzt noch einen Termin. In zwei Wochen werden wir uns dann ansehen, wie du es dir auch beim Entscheider leichter machen kannst! Mach's gut Florian."

Als Severin gegangen war, blickte Florian auf das Tablett mit der Kaffeetasse und dem Mineralwasser. Tatsächlich befand sich darunter ein pergamentfarbener Umschlag mit Siegel. „Mich laust der Affe, Severin war scheinbar nicht nur ein außergewöhnlicher Verkaufscoach, es steckte definitiv auch ein Zauberer in ihm ..."

Deine Aufgabe zu diesem Coaching:

- *Welche neue Einstellung wirst du zukünftig zu Menschen im Vorzimmer haben?*
- *Welche Formulierungen wirst du zukünftig verwenden, um Assistenten schneller zu überzeugen?*
- *Welche Ausdrücke wirst du bewusst nicht mehr verwenden?*
- *Welche positiv belegten Worte kannst du statt der branchenüblichen Reizworte verwenden?*

4.   Beim Entscheider Interesse wecken

Florian hatte sich schon seit zwei Wochen auf das heutige Coaching gefreut. Die Formulierungen für das Vorzimmer hatte er schon ausprobiert und seine Quote enorm verbessert. Das war schon einmal gut, jetzt hatte er den direkten Draht zu den Entscheidern, doch oft gelang es ihm einfach nicht zu überzeugen. Deshalb war er schon gespannt, was Severin heute für ihn auf Lager hatte. Als er das *mavie* betrat, sah er Severin auf einem Hocker stehen. Er wechselte gerade eine Glühbirne aus.

„Ah, Florian. Heute werden wir mal dafür sorgen, dass dir ein Licht aufgeht. Wenn du dir die Glühbirne und den dazugehörigen Schalter als ein geschlossenes System vorstellst. Welcher Teil von den beiden hat mehr Handlungsoptionen?"

Florian überlegt kurz und antwortete dann: „Beide gleich viele. Der Schalter hat Ein und Aus, und die Glühbirne hat Ein und Aus!"

Severin bat Florian Platz zu nehmen. „Tja, und das ist ein Irrtum, Florian. Der Schalter hat die Option An und Aus, doch die Glühbirne hat keinen Handlungsspielraum. Sie kann nicht entscheiden, ob sie Strom durchlässt oder nicht."

„Hm, stimmt, sie leuchtet, wenn Strom fließt, und leuchtet nicht, wenn der Strom weg ist. Sie ist fremdbestimmt."

Severin zeigte zu einem Tisch, auf dem sich ein Schachspiel befand. „In dem geschlossenen System des Schachspiels ist die gefährlichste Figur die Dame. Sie besitzt die meisten Handlungsoptionen. In der Kommunikation ist es genauso, Florian. Je mehr Handlungsoptionen du besitzt, umso größer ist die Wahrscheinlichkeit, dass du vorankommst. Verkauf ist ein Erweitern der Wahrscheinlichkeit. Wenn du im österreichischen Lotto 6 aus 45 immer nur einen Tipp abgibst, dann stehen deine Chancen auf einen Hauptgewinn ziemlich schlecht. Je mehr unterschiedliche Tipps du spielst, umso größer wird deine Chance. Bei exakt 8.145.060 Tipps würdest du mit Sicherheit einen Sechser haben, wärst aber pleite. Zum Glück braucht es im Verkauf nicht ganz so viele Optionen. Durchschnittliche Verkäufer, wie dein Kollege Fritz, haben oft nur eine Option, die sie schon seit Jahren verwenden. Wenn die nicht klappt, dann sagen sie: ‚Der Kunde ist blöd, versteht's nicht, der Mitbewerb ist besser, billiger und so weiter.' In Wirklichkeit hätte eine zusätzliche Option gereicht, um voranzukommen."

Florian nickte zustimmend. „Ja, diese Aussagen kenne ich."

„Deshalb werden wir uns heute ein paar Optionen ansehen, wie du in der Telefonakquise einfacher vorankommst. Du hast sicher schon bemerkt, dass Menschen am Telefon nie viel Zeit haben. In persönlichen Gesprächen serviert man dir Kaffee, macht Small Talk und kommt dann oft erst zur Sache. Viele Verkäufer sind völlig verunsichert, weil am Telefon andere Spielregeln herrschen. Plötzlich sind Kunden wie ausgewechselt, fast schon abweisend. Was ist daher das erklärte Ziel von uns, schon in den ersten 30 bis 60 Sekunden?"

„Ein Termin, ganz klar. Beziehungsweise ein Ja des Kunden, wenn ich übers Telefon verkaufe. Wie du schon gesagt hast. Es muss ja schnell gehen. Also möchte ich zackzack einen Termin."

Severin lehnte sich vor. „Gib mir einmal deine Hand, Florian."

Als sich die Hände der beiden berührten, drückte Severin die Hand des jungen Verkäufers zu Boden. Florian war stolz auf seine trainierten Oberarme, er biss die Zähne zusammen und erwiderte sofort den Druck. Die Hände wanderten wieder nach oben. Leider hatte er nicht im Geringsten mit Severins Kraft gerechnet, der mit einem Lächeln auf den Lippen die Hände wieder nach unten drückte. „Na, da bin ich ja froh, dass ich noch im Training bin. Kannst aufhören zu drücken."

Florian stand der Schweiß auf der Stirn. „Puh, das war anstrengend."

„Genau, das war es. Doch es wäre nicht notwendig gewesen. Niemand hat gesagt, du sollst dagegen drücken. Du hättest einfach deine Hand wegziehen können. Doch wir Menschen reagieren auf Druck reflexartig mit Gegendruck. Und hier liegt der Hase im Pfeffer, Florian. Die meisten Telefonverkäufer versuchen den Kunden so schnell wie möglich zu einer Entscheidung zu drängen. Der Kunde reagiert mit Gegendruck, und es gewinnt der Stärkere. Das ist im Verkauf übrigens meistens der Kunde."

„Oh ja, das kenn ich", nickte Florian.

„Dann lass uns mal sehen, wie wir den Kunden überzeugen, ohne ihn unter Druck zu setzen. Unser Ziel ist daher in den ersten 30 bis 60 Sekunden weder ein Termin noch eine Entscheidung, sondern lediglich ein Commitment des Kunden. Wir wollen vom Kunden Interesse, den Rest bekommen wir später. Ich habe für dich dazu ein Rezept, das du auf jedes Thema anwenden kannst. Die Struktur dazu ist aufgebaut auf den Fragen, die einem Kunden durch den Kopf gehen, wenn er deine Stimme das erste Mal hört: Wer ist das? Was will er von mir? Was habe ich davon? Du startest also wie gewohnt mit der Begrüßung und Vorstellung. Dann machst du dir ein psychologisches Phänomen zunutze, das dir den Weg ebnet. Der Zauber liegt im Wort ‚Warum'. Kinder fragen schon von klein an immer ‚Warum?'. Erwachsene sprechen es seltener aus, doch unbewusst fragen wir uns auch heute immer noch in vielen neuen Situationen ‚Warum?'. Wenn du diese Frage nun gleich vorab beantworten kannst, dann steigen deine Chancen, das Interesse des Kunden zu wecken, signifikant. Am besten sagst du daher wortwörtlich: ‚Der Grund, weshalb ich Sie anrufe, ist ...,' was auch funktioniert, ist: ‚Ich rufe Sie an, weil ...' Jetzt sind die Synapsen deines Gegenübers alle auf Empfang gestellt. Dann nennst du zwei, maximal drei Nutzen deines Angebotes für deinen potenziellen Kunden. Du kannst das Angebot noch zusätzlich verknappen und/oder auf eine spezielle Zielgruppe limitieren. Dann schließt du den Einstieg mit einer offenen Frage ab, die in etwa so lautet: ‚Wie interessant klingt das grundsätzlich für Sie?' Die Formulierung ist bewusst sehr offen. Wir machen es dem Kunden so leicht wie möglich, damit er uns positiv antwortet. Ich nenne dir ein Beispiel. Angenommen, du verkaufst Dünger an Gärtnereien. Du rufst also an und sagst nach der Begrüßung: ‚Der Grund, weshalb ich Sie anrufe, ist folgender: Wir haben einen neuartigen Dünger entwickelt, der einerseits zu verbessertem Wachstum führt und andererseits Schädlinge zuverlässig fernhält. Der Dünger ist Bio-zertifiziert, und speziell für Bio-Gärtnereien wie Sie haben wir daher ein interessantes Probierpaket geschnürt. Herr Gärtner, wie interessant klingt das denn grundsätzlich für Sie?‘"

„Wow", unterbrach Florian, der mittlerweile eine ganze DIN A4-Seite seines Schreibblockes vollgeschrieben hatte, „da kann er ja gar nicht anders als zu sagen, dass es ihn interessiert. Selbst wenn er noch 20 Tonnen alten Dünger eingelagert hat und seine Schwester mit dem Produzenten verheiratet ist."

Severin klopfte ihm auf die Schulter. „Genauso ist es, er muss zumindest sagen, dass es interessant klingt. Dann kann er natürlich einschränken, dass er es sich nicht mit seiner Schwester verscherzen will, aber wir haben einen Fuß in der Tür und das Interesse des Kunden gewonnen! Ziel erreicht."

Florian war ganz aufgeregt. „Super, dann frage ich natürlich sofort nach einem Termin."

Severin bremste den Eifer „Runter vom Gas, mein Lieber. Erinnere dich wieder an unseren Freund Til Eulenspiegel, abgesehen davon, wer weiß, ob sich ein Besuch überhaupt für dich lohnt? Du bestätigst daher zunächst den Kunden und zeigst Freude, dass er sich für das Angebot grundsätzlich interessiert. Als nächstes stellst du ihm einige Fachfragen, die euch beide noch tiefer ins Thema führen. In etwa so: ‚Herr Gärtner, schön, dass ich Ihr Interesse geweckt habe. Was ist Ihnen beim Thema Dünger wichtig, worauf legen Sie besonderen Wert?' Du vertiefst mit mehreren offenen Fragen dein Wissen darüber, wo die wesentlichen Motive und Entscheidungsfaktoren des Kunden liegen. Jetzt gibt es genau zwei Möglichkeiten: Entweder du kommst zum Schluss, dass dein Produkt dem Kunden zumindest zum jetzigen Zeitpunkt keinen Mehrwert bringt. Alles kein Beinbruch. Im Gegenteil, gut, dass du das jetzt schon am Telefon erfährst. So sparst du dir selbst und auch dem Kunden wertvolle Zeit, die ihr beide in den Termin investiert hättet. Im Idealfall kommst du allerdings gemeinsam mit dem Kunden zu dem Schluss, dass deine Lösung in jedem Fall spannend für ihn sein kann. Dann fasst du genau das zusammen und biegst erst jetzt in die Terminfrage ein: Wichtig dabei, du fragst nicht, ob er Zeit hat, auch nicht, wann er Zeit hat. Du schlägst konkrete Termine vor. Auch fragst du nicht, ob du kommen darfst, Herrgott, wir schenken dem Kunden unsere Zeit, das ist ein Service und keine Bitte. Für dich kann es so klingen: ‚Herr Gärtner, habe ich das so richtig verstanden, für Sie ist abgesehen von Wachstum und Schädlingsthematik wichtig, dass der Dünger langfristig den Boden schont und einfach in der Anwendung ist? Richtig? Ich bin mir sicher, dass das Produkt dann genau das Richtige für Sie ist. Damit Sie sich ein genaues Bild davon machen können, komme ich sehr gerne persönlich zu Ihnen. Wie sieht es denn nächste Woche Mittwoch-vormittag oder Donnerstagnachmittag aus?'"

„Das klingt sehr überzeugend. Severin, was mache ich aber, wenn jetzt immer noch so etwas kommt wie: ‚Kein Interesse, keine Zeit für so etwas, bin mit dem derzeitigen Lieferanten zufrieden'."

Severin nickte verständnisvoll. „Wir werden uns mit dem Thema Einwandbehandlung noch in einem eigenen Coaching befassen. Hier ein Universalschlüssel: ‚Lieber Herr Gärtner, ich mache Ihnen folgendes Angebot. Ich komme bei Ihnen kurz vorbei und ich verspreche, dass ich mich auch wirklich kurzfassen werde. Für Sie hat es in jedem Fall einen Vorteil. Entweder Sie werden in Ihrem derzeitigen Anbieter bestärkt, oder Sie kommen zu dem Schluss, dass ich eine interessante Alternative anzubieten habe. Zehn Minuten, versprochen, nächste Woche Mittwochvormittag oder Donnerstagnachmittag, schauen Sie bitte in den Kalender, wo finden Sie das passendere Zeitfenster?' Wenn du das noch mit einem charmanten Lachen kombinierst, sollten die Barrieren fallen."

Florian strahlte und legte den Stift beiseite. „Mann, Severin. Du machst mir richtig Lust aufs telefonieren. Schade, dass es schon halb neun ist, ich würde glatt einen Kunden anrufen."

Severin schmunzelte. „Wir wollen es mal nicht über-treiben. Morgen ist auch noch ein Tag. Du kannst nun aufbauend auf diesem Wissen einen individuellen Gesprächsleitfaden erstellen. Nicht um ihn Wort für Wort abzulesen, sondern um für den Fall der Fälle mehr Sicherheit zu haben. So, ich bin wieder auf dem Sprung, das Sozialprojekt, für das ich tätig bin, richtet heute Abend ein Fest aus, da werde ich erwartet. Das Schachspiel dort drüben ist noch nicht zu Ende. Schwarz steht kurz vor einem Matt. Sieh mal zu, welcher Zug notwendig ist. Bis nächste Woche, mein Lieber."

Florian verabschiedete sich auch und ging zum Tisch mit dem Schachspiel. Knifflige Situation. Er ging die Züge in seinem Geiste der Reihe nach durch. Plötzlich musste er lächeln. „Severin, du Schlitzohr. Das war klar. Schwarzer König auf h8, weiße Dame auf g6." Natürlich würde die Dame den entscheidenden Zug machen. Er rückte die weiße Dame auf h7. Schachmatt! Stolz nahm er das Schachbrett, um es zusammenzupacken. Darunter erschien, „nochmal Schlitzohr, Severin", der bekannte Umschlag ...

Deine Aufgabe zu diesem Coaching:

- *Finde spannende Einstiegsformulierungen für dein Produkt bzw. deine Dienstleistung anhand der empfohlenen Struktur.*

- *Notiere dir mindestens fünf Detailfragen aufbauend auf „Was ist im Zusammenhang mit XXX-Produkt/-Dienstleistung besonders wichtig?*

- *Überlege dir passende Reaktionen auf die häufigsten Einwände am Telefon.*

- *Erstelle aufbauend auf die vorherigen Punkte einen individuellen Gesprächsleitfaden.*

5. Struktur

Niedergeschlagen drückte Florian die schwere Eichentür des *mavie* auf. Wie ein begossener Pudel begrüßte er Amelie und Severin, die sich gerade angeregt unterhielten. Da Severin mit dem Rücken zum Eingang an der Bar saß, reagierte Amelie als erste.

„Na, da sieht ja jemand aus wie 14 Tage Regenwetter."

Jetzt drehte sich auch Severin um und grinste „Was ist denn los? Hast du wieder mal einen Strafzettel kassiert?"

Florian setzte sich zu den beiden. „Nein, ich habe heute einen potenziellen Neukunden versenkt. Du kannst dich doch noch an Herrn Lüdenmann erinnern? Als du mir vor ein paar Wochen bei den Akquisegesprächen zugehört hast, habe ich mich noch ein wenig tollpatschig angestellt und eine Absage kassiert. Basierend auf deinen Empfehlungen habe ich letzte Woche nochmal angerufen und einen Termin bekommen."

Severin war irritiert. „Ja, das ist ja eher ein Grund zum feiern, oder nicht?"

Florian entgegnete: „Eigentlich schon, aber der Termin war ein Fiasko. Ich war sehr zuversichtlich, bin bestens vorbereitet hingekommen, Herr Lüdenmann hat gleich gebeten, dass ich ihm präsentiere, worin wir uns auszeichnen, und dann ist es nur noch bergabgegangen. Der Preis passte ihm nicht, einige Details hatte er sich anders vorgestellt, und am Ende meinte er, dass er sowieso mit dem derzeitigen Anbieter sehr zufrieden sei. Zwei Stunden Fahrt völlig umsonst. Ich war froh, dass ich es zu unserem heutigen Coaching rechtzeitig geschafft habe."

Severin nickte verständnisvoll. „Kopf hoch, mein Lieber. Am Umgang mit Rückschlägen erkennt man die wahren Sieger. Wichtig ist immer, dass man seine Lernchance daraus wahrnimmt. Dir ist in diesem Fall einer der häufigsten Fehler im Verkauf passiert. Wir sprechen vom Syntaxfehler."

„Das war ja klar, dass du gleich eine Antwort auf meine Geschichte hast", grinste Florian.

Severin reichte ihm einen Teller mit Keksen. „Hier, mein Lieber, greif zu."

Florian kostete einen verlockend aussehenden Schokokeks und brummte genussvoll. „Mmm, der schmeckt ja herrlich. So, jetzt aber raus mit der Sprache. Was ist ein Syntaxfehler?"

Severin nahm sich auch noch einen Keks. „Florian, angenommen, ich würde dir alle Zutaten für diesen Keks nennen. Könntest du ihn dann auch backen?"

„Nein, ich kann zwar ein wenig kochen, aber ich weiß ja nicht, welche Zutaten in welcher Reihenfolge in die Masse kommen. Außerdem kenne ich die Mengenangaben dann ja auch noch nicht."

„Genau, die Zutaten müssen in einer bestimmten Reihenfolge gemischt werden. Nur so wird der Teig auch wie vorgesehen. Das nennt sich Syntax. Dieses Prinzip findet sich in vielen Bereichen wieder. Zum Beispiel in unserer Sprache. Wenn du einzelne Worte in der falschen Reihenfolge verwendest, dann kann der Sinn schon einmal völlig verloren gehen. Wenn die Lehrerin auf der Heimfahrt des

Schulausflugs im Zoo an die Eltern schreibt: ‚Die Kinder vergnügten sich, während die Löwen fraßen', dann ist soweit alles OK. Falls sie allerdings die Worte vertauscht, nämlich: ‚Die Löwen vergnügten sich, während sie die Kinder fraßen', dann wird der Tag wahrscheinlich noch spannend. In der Mathematik gilt das gleiche Prinzip. Neun minus drei ergibt sechs. Vertauscht du allerdings die ersten beiden Zahlen, also drei minus neun, dann erhältst du ein völlig anderes Ergebnis."

Florian antwortete: „Mhm, du meinst also, ich habe bei meinem Gespräch einige Elemente vertauscht?"

„Genau. Ganz grob können wir ein Verkaufsgespräch in drei Phasen einteilen: Bedarfserhebung, Präsentation und Abschluss. Nennen wir das einmal die Makrostruktur. Du kannst keine professionelle Präsentation liefern, wenn dir der Bedarf und die Wünsche des Kunden noch nicht klar genug sind. Die meisten Gespräche scheitern an dieser Hürde. Zusätzlich gibt es in jeder Branche und für jedes Produkt dann noch eine Mikrostruktur, die es dem Kunden erleichtert, das Produkt und den Nutzen so klar wie möglich zu erkennen. Wir können hier teilweise 10 oder mehrere Schritte identifizieren. Ich nenne das in Anlehnung an den roten Faden für ein Gespräch auch gern den ‚goldenen Faden'. Ich erzähl dir einmal eine Geschichte zu einem persönlichen Erlebnis. Vor rund zwanzig Jahren habe ich ein Hi-Fi-Geschäft besucht, weil ich mir neue Lautsprecherboxen ansehen wollte. Der Verkäufer dort war ein richtiger Freak. Im positiven Sinn wohlgemerkt. Er brannte förmlich für exzellente

Akustik und Klang. Bevor er mir die Lautsprecher zeigte, stellte er mir jede Menge Fragen. Welche Art Musik ich damit hören wollte, welchen Verstärker ich nutzte, welche Abspielgeräte ich verwendete, wie groß der Raum war, wo die Boxen stehen sollten, welchen Abstand ich zu diesen einnahm, wie die Einrichtung beschaffen war, welcher Bodenbelag und vieles mehr. Zu allem machte er sich Notizen und skizzierte die Raumsituation mit. Dann fasste er alles nochmal für mich zusammen. Jetzt kam der große Moment. Er bat mich in das Testzimmer. Dieses hatte annähernd die Dimensionen meines Wohnzimmers. Er brachte die Boxen die er für mich ausgewählt hatte, und positionierte sie in der passenden Distanz. Auf meine Frage nach dem Preis antwortete er nur lächelnd: ‚Sag ich Ihnen gleich.‘ Ich nahm in der Zwischenzeit auf der gemütlichen Couch Platz. Es knackte kurz, und dann hörte ich bereits das Orgelsolo, das „Where the streets have no name" von U2 einleitet. Eine leichte Gänsehaut machte sich auf meinen Unterarmen breit. Dann setzte die E-Gitarre ein. Ich spürte ein Kribbeln im Nacken. Als nächstes folgten der Bass und das Schlagzeug. Das Kribbeln wanderte meinen Rücken hinunter. Als Bono dann noch ‚i wanna run, i want to hide‘ anstimmte, jagte eine Woge durch meinen Körper, als würde ich kalt und heiß zugleich duschen. Noch nie hatte ich einen solchen Klang erlebt. Ich fühlte den Bass in meinem Bauch und hörte jede einzelne angeschlagene Gitarrensaite. Es war, als würde ich in der Musik baden. Als der Verkäufer nach dem Song den Raum betrat, war ich immer noch halb in Trance. Ich fragte ihn: ‚Was kosten diese Lautsprecher?' Er antwortete lächelnd mit einem Betrag, der fast die Hälfte meines damaligen Monatseinkommens ausmachte. Ich antwortete: ‚Wie bitte? Soviel, für zwei Lautsprecher?' Er korrigierte mich immer noch lächelnd: ‚Einer, nicht zwei! Und wenn Sie diesen Klang erleben wollen, dann empfehle ich diesen Verstärker auch noch!' Tja, und kurze Zeit später war ich stolzer Besitzer von zwei sündhaft teuren, aber himmlischen Lautsprechern plus Verstärker. Jetzt frag ich dich Florian, was wäre passiert, wenn der Verkäufer mir den Preis schon vor dem Probehören gesagt hätte?"

„Du hättest ihn wahrscheinlich gefragt, ob er irgendwelche Drogen genommen hat."

Severin lachte laut.

„Aber eigentlich war das nicht OK von dem Verkäufer. Du wolltest doch nicht so viel Geld ausgeben", fragte Florian.

„Definitiv nicht, ich hatte ja auch keine Ahnung, was qualitativ hochwertige Lautsprecher eigentlich kosten, aber ich hätte jederzeit nein sagen können. Der Clou ist, ich besitze die Lautsprecher heute noch und freue mich fast jeden Abend an dem großartigen Klang. Die Dinger waren jeden Cent wert."

„OK, das stimmt. Der Verkäufer hat dich zu keinem Zeitpunkt unter Druck gesetzt. Durch diese Reihenfolge des Verkaufsprozesses hat er dir aber die Möglichkeit geschaffen, die Boxen zu erleben, und dir damit eine wichtige Grundlage für deine Kaufentscheidung gegeben."

Severin war zufrieden. „Genau, wenn du also wieder in eine Situation wie bei Herrn Lüdenmann kommst, dann sagst du einfach: ‚Sehr gerne zeige ich Ihnen die Möglichkeiten. Ich habe Ihnen jede Menge Informationen mitgebracht, wie Sie sehen‘ und zeigst demonstrativ auf deine vorbereiteten Unterlagen, ‚damit ich Ihnen daraus zeigen kann, was für Sie interessant ist, habe ich noch ein paar Fragen, ist das OK?‘ Du wirst sehen, 99,9 % der Kunden werden dankbar deine Fragen beantworten. Damit hast du alle Informationen, die du dann für deine Präsentation brauchst. Mein Tipp an dich: Du hast mir vor ein paar Wochen von Clemens, eurem Top-Verkäufer, erzählt. Bitte ihn doch einfach, dass er dir seine Mikrostruktur verrät. Oder begleite ihn bei ein paar seiner Gespräche und finde heraus, in welcher Abfolge er welche wichtigen Schritte setzt. Finde seinen ‚goldenen Faden.‘“

„Severin, da hast du mir sehr geholfen, super. Heute hab ich es eilig. Ich bin noch mit einem Freund verabredet, der mir von seinem neuen Job berichten will. Ist das OK für dich, wenn ich mich schon auf den Weg mache?“

Severin nahm sich noch einen Keks. „Klar, mein Lieber, wir sehen uns in zwei Wochen. Ich gebe dir noch eine kleine Aufgabe mit auf den Weg. Wir werden uns dann über das wichtigste Werkzeug im Verkauf unterhalten, überlege dir schon einmal, welches das sein könnte. So, und jetzt lass deinen Freund nicht warten.“

„Puh, das ist eine gute Frage. Ich denke drüber nach …“ Florian eilte zu seinem Auto und freute sich schon auf

das Gespräch mit seinem Freund. Als er den Zünd-
schlüssel drehte, ging das Autoradio an. Die ersten Takte
von „Where the streets have no name" erklangen. Da
erkannte er etwas an seiner Windschutzscheibe. „Nein,
bitte kein Strafzettel." Er stieg nochmal aus und klappte
den Scheibenwischer weg. Darunter kam ein pergamentfarbener Umschlag zum Vorschein. „… i want to tear
down the walls that hold me inside i want to reach out
and touch the flame, where the streets have no name …"
klang es in Florians Ohren.

Deine Aufgabe zu diesem Coaching:

- *Frage oder begleite einen Spitzenverkäufer auf deinem Gebiet
  und finde dessen Syntax heraus.*

- *Finde den „goldenen Faden" für deinen optimalen Verkaufsprozess.*

6. Fragetechnik

Der Winter hatte Wien fest im Griff. Es war bereits Anfang Dezember, der Wind peitschte durch die Straßen und trieb die Schneeflocken vor sich her. Endlich hatte Florian die Eingangstür des *mavie* erreicht. „Argumentationstechnik", rief er schon vom Eingangspodest mitten in den Raum hinein und klopfte sich den Schnee von seiner Kleidung.

Amelie ließ irritiert die Kaffeetasse sinken, die sie gerade polierte und murmelte: „Ich verstehe nur Bahnhof."

„Florian hatte die Aufgabe, sich zu überlegen, welches das wichtigste Werkzeug für Menschen im Verkauf ist", antwortete Severin aus einer der Sitzgruppen und legte ein Buch beiseite.

„Ja, genau, glasklare Sache, mit einer ausgefeilten Argumentation hole ich mir jeden Auftrag", sagte Florian und setzte sich zu Severin, der lächelnd eine Augenbraue hob und sagte:

„Ich brauche noch fünf Minuten und müsste mal eben mit Amelie etwas unter vier Augen besprechen. Du willst dir doch sicher nochmal kurz die Beine vertreten, nicht wahr?"

Florians Mund klappte auf. „Severin, sei mir nicht böse, aber da draußen geht gerade die Welt unter. Könnt ihr euer Gespräch nicht in der Küche führen?"

Severin lächelte immer noch. „Klar, aber jetzt, wo es mir einfällt: In der Boutique neben uns haben sie die Anzüge im Abverkauf, die du so gerne trägst!"

„Da kann ich morgen auch noch vorbeischauen. Mir ist kalt, und ich brauche was Warmes zu trinken."

Severin ließ nicht locker. „Morgen sind die vielleicht schon ausverkauft. Die Anzüge sind zum Teil um mehr als die Hälfte reduziert."

Florian rollte mit seinen Augen. „Severin, bitte! Ich habe genug Anzüge. Für etwas, das ich nicht brauche, ist auch fünfzig Prozent weniger noch zu viel."

Severin zuckte mit den Schultern. „Na gut, verstehe. Muss ja nicht sein. Erlaube mir noch eine Frage, nur so rein aus Interesse. Was wäre der einzige Grund, weshalb du bei diesem Wetter freiwillig nochmal raus gehst?"

„Mmm, gute Frage, also eigentlich nur wenn ich ..." Florian schlug sich mit der Hand auf seine Stirn, „Scheibenkleister, ich habe schon wieder vergessen, den Parkschein auszufüllen. Bin gleich wieder da", rief er noch und verschwand, die schwere Tür hinter sich zuknallend.

Fast zehn Minuten später kam Florian etwas außer Atem wieder zurück und ließ sich auf die Polstercouch fallen. „Und, habt ihr jetzt alles besprochen?"

Severin und Amelie sahen sich an und lachten beide. „Wir hatten gar kein Gespräch zu führen. Ich wollte dir damit etwas vor Augen führen." Florian richtete sich irritiert auf.

„Florian, wie viele Argumente hätte ich wohl gebraucht, um dich zu überreden, vor die Tür zu gehen?"

„Severin, deine Überzeugungsfähigkeit in allen Ehren, aber bei dem Wetter hättest du lange, sehr lange gebraucht."

Severin nickte. „Das dachte ich mir. So, jetzt gönnst du dir einen heißen Tee, und dann sehen wir uns gemeinsam das wirklich wichtigste Werkzeug im Verkauf an."

Nachdem beide die ersten Schlucke eines malzigen Assam Schwarztees genossen hatten, fuhr Severin fort. „Florian, du hast selbst erlebt, dass Argumente nur eingeschränkt geeignet sind, wenn es darum geht, Perspektivwechsel bei Menschen herbeizuführen. Fragen hingegen sind das Schweizer Messer der persuasiven, also der beeinflussenden Kommunikation. Durch Fragen kannst du Informationen gewinnen, du kannst die Aufmerksamkeit des Kunden lenken, du zeigst Interesse am Kunden und schaffst so die Basis für Sympathie und Vertrauen. Ein weiterer angenehmer Nebenaspekt ist, dass du Fettnäpfchen vermeidest, denn je besser du den Kunden kennst, umso treffsicherer werden deine Argumente."

Florian schluckte betroffen. „Für mich waren Fragen bisher immer eher nebensächlich. Jetzt verstehe ich erst, wie wichtig dieses Instrument ist."

Severin stellte seine Teetasse beiseite. „Die meisten Menschen im Verkauf unterschätzen die Fragetechnik völlig. Sie konzentrieren sich zu sehr auf die Argumentation und hören dem Kunden kaum zu. Echte Profis haben für jede Phase des Gesprächs ein ganzes Set an Fragen und begleiten den Kunden auf diese Weise gedanklich durch den Verkaufsprozess. Idealerweise verknüpfst du deine Fragen für den Kunden gleich zu Beginn des Gesprächs mit einem Nutzen. Ich habe im letzten Coaching bereits ein Beispiel dafür gebracht, als es darum ging, Herrn Lüdenmann zu überzeugen, dass er dir ein paar Fragen beantwortet *bevor* du ihm etwas präsentierst. ‚Sie sehen, ich habe Ihnen jede Menge Informationen mitgebracht. Damit ich Ihnen daraus die für Sie interessanten Aspekte zeigen kann, habe ich noch ein paar Fragen. Ist das OK?‘ Auf diese Art und Weise eingeleitet wird dir jeder Kunde gerne deine Fragen beantworten."

Florian griff zu seinem Schreibblock. „Das klingt super, das muss ich mir gleich notieren. Kannst du mir bitte noch einen Schluck Tee einschenken?"

Severin nickte. „Sicher, kann ich das." Florian ließ irritiert den Stift sinken, da Severin keine Anstalten machte zur Teekanne zu greifen.

„Ähm, habe ich etwas Falsches gesagt? Entschuldigung, ich kann mir den Tee natürlich auch selbst einschenken, ich notiere mir nur kurz den Satz fertig."

Severin klopfte Florian auf die Schulter. „Darum geht's nicht, mein Lieber. Ich schenke dir den Tee gerne ein. Doch deine Frage lautete lediglich, ob ich es kann, und das habe ich mit einem Ja beantwortet. Ich will dir damit vor Augen führen, wie wenig achtsam wir im Alltag mit der Fragetechnik umgehen. Deine Frage war eine geschlossene Frage. Diese kann ich, so wie ich es auch getan habe, mit einem Ja oder Nein beantworten. Die Information für dich, und damit letztlich der Output, war wenig befriedigend. Die meisten Verkäufer tendieren dazu, auch im Verkaufsgespräch mit geschlossenen Fragen zu kommunizieren. Viel zielführender sind jedoch die offenen Fragen, da du hier die Informationsmenge, die du bekommst, sehr gut steuern kannst. Offene Fragen beginnen meistens mit einem W. Wer, was, wann, wie, wo, und so weiter. Wie mit einem Skalpell kannst du nun trennscharf herausarbeiten, wo du den Kunden hinführen möchtest. Erinnern wir uns an unseren Düngerverkäufer aus der Telefonakquise. Von einer sehr weit geöffneten Frage wie: ‚Was ist Ihnen generell wichtig als Gärtner?' bis hin zu einer offenen Frage, die schon fast wieder geschlossen ist: ‚Wie interessant ist für Sie ein Düngerkonzept, das bei gleichem Ertrag Ihre Kosten um fast fünfzig Prozent senkt?' Bleibt noch eine letzte Variante, die Alternativfragen. Damit bietest du dem Kunden die Wahl und kannst trotzdem lenken, in welche Richtung das Gespräch gehen kann. ‚Lieber Kunde, mit welchem Gemüse erzielen Sie im Verkauf den besseren Deckungsbeitrag, konventioneller oder biologischer Anbau?'"

Florian schnaufte. „Wow! Ich muss zugeben, ich habe in meinen bisherigen Gesprächen fast immer mit geschlossenen Fragen gearbeitet, wenn ich das so recht betrachte."

Severin lehnte sich entspannt zurück. „Mein Lieber, damit bist du in guter Gesellschaft oder besser gesagt: Du warst in guter Gesellschaft, denn nun kennst du ja den Unterschied, der dir und deinen Kunden einfachere Kaufentscheidungen bringen wird. Du wirst sehr schnell bemerken, dass je nach Gesprächsphase unterschiedliche Fragearten sinnvoll sind. Wenn du speziell zu Beginn viele Informationen vom Kunden haben willst, dann brauchst du offene Fragen. Willst du hingegen eine

Entscheidung haben, dann sind geschlossene oder alternative Fragen besser geeignet."

Florian strahlte. „Super, ich freue mich schon darauf, in Zukunft meine Fragen viel gezielter zu stellen. Hast du auch wieder einen Umschlag für mich?"

Severin hob eine Augenbraue.

Florian korrigierte sich: „Ich meine: *Wo* hast du meinen Umschlag denn heute?"

Severin lächelte, griff zu seinem Buch, das er zu Beginn weggelegt hatte, und holte den bekannten pergamentfarbenen Umschlag hervor. „Bitteschön, du lernst schnell! Tee geht aufs Haus."

Florian packte den Umschlag ein, bedankte und verabschiedete sich bei Amelie und Severin und machte sich auf den Weg nach Hause durch eine verschneite Straßenlandschaft.

Deine Aufgabe zu diesem Coaching:

• *Achte bei all deinen Fragen darauf, ob sie geschlossen, alternativ oder offen formuliert sind.*

• *Finde heraus, welche Fragearten dich in unterschiedlichen Gesprächssituationen schneller ans Ziel bringen.*

7. Fragetechnik Feintuning

„Ich habe Krapfen, und die sind noch warm", rief Florian.

„Nicht mehr lange, ich liebe Krapfen." Amelie stürzte sich gleich auf den mitgebrachten Karton.

Severin grinste. „Tja, jetzt hast du einen Stein im Brett bei Amelie, aber um ehrlich zu sein, bei Krapfen werde ich auch schwach."

Gemeinsam verspeisten die drei andächtig die flaumigen Leckereien.

„Mein letzter Kunde heute war eine Großbäckerei nördlich der Donau. Das Gespräch war sensationell. Ich hatte erstmals das Gefühl, so richtig die Zügel in der Hand zu haben. Dank der gezielten Fragestellungen konnte ich die Herausforderungen des Kunden so richtig schön darlegen und anschließend zu den Lösungen führen. Als Dank für das tolle Gespräch hat mir mein Ansprechpartner gleich die frisch gebackenen Krapfen mitgegeben", berichtete Florian und wischte sich einen Klecks Marmelade von den Lippen.

„Sehr gut, das freut mich, Florian. Der gezielte und professionelle Einsatz von Fragetechnik birgt großes Potenzial, das macht die wahren Spitzenverkäufer aus. Ich schlage vor, wir setzen heute noch eins drauf und vertiefen das Thema, damit du deine Überzeugungswirkung nochmals verstärkst!" sprach Severin, wobei der Staubzuckerbart seine Kompetenzwirkung nicht gerade unterstrich.

„Ahoi Captain, ich wasch mir nur die Hände und dann legen wir los."

Kurze Zeit später war er wieder zurück und nahm auf der Couch mit seinem Schreibblock Platz. Severin hatte mit Amelie in der Zwischenzeit die verbliebenen Krapfen aufgegessen, und beide säuberten sich grinsend beim Waschbecken hinter der Bar.

Severin wandte sich an Florian: „Ich möchte das Thema Fragetechnik mit dir in drei Bereichen vertiefen. Beginnen wir bei der Struktur der Bedarfserhebung. Speziell bei Neukunden beginnst du mit einem unverfänglichen beziehungsweise naheliegenden Thema, dem derzeitigen *Marktumfeld* des Unternehmens. Als Basis für deine Fragen dient deine Recherche und Vorbereitung. Auf die kannst du auch Bezug nehmen. Bei unserem Gärtnerbeispiel in etwa so: ‚Ich habe auf Ihrer Homepage gesehen, dass Sie insgesamt drei Filialen betreiben. Produzieren Sie für alle Filialen an diesem einen Standort hier?'

Du kannst auch fragen, wie groß sein Einzugsgebiet der Kunden ist, seit wann das Unternehmen existiert, welche Wettbewerber er hat, worauf er spezialisiert ist oder wie viele Mitarbeiter er insgesamt beschäftigt. Ziel ist es, ein Gefühl für den Kunden zu bekommen. Danach lenkst du die Fragen in Richtung *Zukunft*. Welche Ziele er mit seiner Gärtnerei verfolgt, welche Herausforderungen er sieht, welche Entwicklungen in seiner Branche auf ihn zukommen. Wie du bemerkst, habe ich bis jetzt noch keine Fragen zu meinen eigenen Produkten gestellt, das kommt später, denn nach dem Zukunftsthema fragst du ihn nach seinen *Kunden*. Worauf diese Kunden Wert legen, wie er einen typischen Kunden beschreibt. Sind das reine Preiskäufer oder spielt vielmehr Qualität eine große Rolle. Hier beginnst du seine Kunden zu verstehen. Danach fragst du nach seinen *Alleinstellungsmerkmalen*. Was macht sein Unternehmen anders als die anderen. Was machen sie besser, einzigartig oder besonders toll. Wofür sind sie bekannt? Wo waren sie die Ersten? Erst jetzt, also im fünften Schritt, beginnst du Fragen *zu deinem Thema* zu stellen. Du beginnst zunächst mit rein pragmatischen Verständnisfragen. Unser Düngerverkäufer will wahrscheinlich wissen, welche Menge derzeit umgesetzt wird. Welche Pflanzen gedüngt werden und so weiter. Zudem gibt es allerdings eine spezielle Kategorie an Produktfragen. Ich nenne sie die *Königsfragen*, sie stellen die Königsdisziplin der Fragestellung dar, die nur die wenigsten Menschen im Verkauf beherrschen. Mit diesen öffnest du die Aufmerksamkeit des Kunden so weit wie Scheunentore. Als Basis dafür dienen deine wichtigsten Produktnutzen. Dazu passend formulierst du nun eine offene Frage. Bleiben wir beim Dünger. Angenommen du weißt, dass immer mehr Schädlinge Resistenzen auf konventionelle Dünger entwickeln und dass das auf Dauer den Ertrag massiv schädigt. Statt nun gleich mit der Tür ins Haus zu fallen und auf Teufel komm raus mit den Vorteilen um sich zu werfen, öffnen wir zunächst die Aufmerksamkeit des Kunden. ‚Lieber Kunde, wie stark sind Sie derzeit von Resistenzen betroffen, und wie wirkt sich das auf Ihren Ertrag aus? Welcher Schaden entsteht dadurch betriebswirtschaftlich?‘ Und jetzt kommt die entscheidende Königsfrage: ‚Wie würde es sich auswirken, wenn die Resistenzen

wegfallen?' Oder: ‚Was würde das für Sie bedeuten?'
Spätestens jetzt hast du die volle Aufmerksamkeit. Dein
Kunde wird nun mit seinen eigenen Worten beschrei-
ben, um wieviel besser, leichter, ertragreicher usw. sein
Geschäftsmodell dann wäre. Jetzt folgt der dritte Schritt
aus unserem Profi-Fragen-Set: Du fasst die erhaltenen
Informationen aus der Bedarfserhebung nochmal zusammen. Und zwar sowohl die wichtigen Informationen für
dich, als auch die Erkenntnisse der Königsfragen. Ein
Wort unter uns: Wenn dir jetzt ein paar Detailinformatio-
nen nicht mehr einfallen, und zwar genau jene, die nicht
100 % für dein Produkt sprechen, dann ist das ja wohl nur
menschlich, wenn du verstehst, was ich meine? Achtung, du vergisst natürlich nichts, was später zu einem
Problem werden könnte, aber wenn der Kunde zum Beispiel meint, dass ihn mehrsprachige Hinweistexte auf
der Düngerflasche nicht gefallen, dann kannst du das
getrost vergessen zu wiederholen. Also, du wiederholst
alles, was wichtig ist und ziehst dann das dritte Ass: die
Vorabschlussfrage. Diese kann so klingen: ‚Lieber Kunde,
habe ich das so richtig verstanden? Wenn wir einen Dünger anbieten können, der sparsamer im Verbrauch ist,
keinerlei Resistenzen bei Schädlingen aufweist und darüber hinaus noch Bio-zertifiziert ist, sind wir dann eine
interessante Alternative zu Ihrem derzeitigen Anbieter?'
Das Ja, das du jetzt bekommst, auch wenn es nur ein
bedingtes Ja ist, also wenn der Kunde sagt: ‚Ja schon,
vorausgesetzt, wir kommen preislich zusammen', wird
dir den Weg zum Abschluss später noch ordentlich
erleichtern."

Florian hatte zwei ganze Seiten vollgeschrieben. „Mit solchen Assen im Ärmel kann ja nichts mehr schiefgehen."

„Soweit würde ich jetzt nicht gehen, aber ja, so kann verkaufen richtig Spaß machen", antwortete Severin lächelnd.

Florian lächelte hochzufrieden. „Wie sagt man so schön: ‚Wissen ist Macht!' Ich werde das morgen gleich ausprobieren. Bei der Gelegenheit fällt mir jetzt erst auf, wie wenig ich über das *mavie* weiß. Erzähl doch einmal, wie es dazu gekommen ist."

Amelie verdrehte die Augen. „Nein, bitte nicht das Fotoalbum. Ich sehe auf den Fotos immer so dick aus."

Severin lachte. „Ach, komm schon, das stimmt doch gar nicht. Gib's mir mal herüber.'

Amelie reichte Severin protestierend ein schweres Album. Severin schlug die erste Seite auf und begann zu erzählen. „So, na dann drehen wir doch mal das Rad der Zeit zurück ..."

Eine Stunde später, begleitet von einem Glas Rotwein, waren sie am Ende des Albums angekommen. „Na so etwas, da muss ich wohl beim letzten Durchblättern etwas vergessen haben. Vielleicht kannst du ja etwas damit anfangen."

Florian nahm von Severin einen pergamentfarbenen Umschlag entgegen. „Was für ein Glück, dass ich weiß, was damit zu tun ist. Übrigens, übernächste Woche Montag ist ja Silvester. Ist das Ok für euch, wenn ich schon am Vormittag komme?"

Severin nickte: „Tja, wir hätten den Tag auch auslassen können, aber ich freue mich, dass du kommen magst. Passt zehn Uhr?"

Florian knöpfte seinen Mantel zu. „Passt perfekt, es ist spät geworden. Dann bis nächste Woche, ihr zwei."

Deine Aufgabe zu diesem Coaching:

- *Erstelle einen Bedarfsfragekatalog basierend auf der Struktur: Markt, Zukunft, Kunden, Alleinstellungsmerkmal, Produktfragen.*

- *Formuliere Königsfragen passend zu deinem Produkt.*

- *Überlege dir Vorabschlussfragen, die zu dir, deinem Produkt und deinen Kunden passen.*

8. Fachwissen

Florian schlenderte entspannt durch den ersten Bezirk und genoss den Trubel und die freudige Stimmung, die den heute bevorstehenden Jahreswechsel begleitete. An jeder Ecke konnte man Glücksbringer kaufen, und auch schon die ersten Hütten des traditionsreichen Silvesterpfades öffneten bereits. Florian kaufte zwei Glücksschweinchen und bog in die Gasse ein, in der das *mavie* lag. Als er das Lokal betrat, saßen Amelie und Severin bei einem Gast und plauderten angeregt.

„Hallo Florian. Darf ich dir meinen Freund Wilfried Fänger vorstellen. Er ist der Geburtshelfer des *mavie*."

Florian schüttelte Wilfried Fänger freundlich die Hand. „Wie kann ich das verstehen, sind Sie Gastronom?"

Der Mann lachte kurz und beantwortete dann Florians Frage schmunzelnd: „Nein, ich bin Immobilienmakler und habe dieses Prunkstück damals für Severin gefunden. Setz dich doch zu uns, ich muss dann ohnehin gleich weg zum letzten Besichtigungstermin in diesem Jahr."

Florian nahm Platz. „Schön, Sie kennenzulernen! Ich weiß, dass Sie eigentlich privat hier sind, aber ich hätte da eine geschäftliche Frage. Darf ich Sie kurz um Ihren Rat bitten?"

Wilfried Fänger lächelte. „Selbstverständlich, schieß los."

„Also, ich habe mir vor einiger Zeit eine Wohnung gekauft. Einen Teil habe ich über das Erbe von meiner Oma abgedeckt, den Rest über die Bank finanziert. Die Wohnung liegt im 7. Bezirk in einer ruhigen Straße, hat

65 Quadratmeter, sechster Liftstock, ausgerichtet zum Innenhof mit einer kleinen Terrasse, von der man einen Blick über Wien hat. Die Wohnung ist aber noch renovierungsbedürftig, ich bin gerade dabei, mir Angebote von den Handwerkern einzuholen. 290.000 Euro habe ich investiert." Florian holte sein Handy aus der Hosentasche und hielt es nach ein paar Handgriffen dem Makler hin. „Hier habe ich ein paar Fotos vom Haus und der Wohnung. Der Makler damals hat mir erzählt, dass ich ein richtiges Schnäppchen erstanden habe. Aber Makler erzählen ja so einiges, wenn Sie verstehen, was ich meine ..."

Wilfried Fänger reagierte mit einem Augenrollen auf die Aussage. „Mein Lieber, in unserer Branche geben sich viele große Mühe, diesem Klischee gerecht zu werden. Zum Glück gibt's ja Ausnahmen! Also, du hast ja schon einiges erzählt und die Fotos sind auch sehr aussagekräftig, aber damit ich dir eine bessere Einschätzung abgeben kann, brauche ich noch ein paar zusätzliche Informationen." In weiterer Folge stellte der Experte eine Menge Fragen, wie zum Beispiel: „Wann genau ist denn das Haus errichtet worden, in dem sich die Wohnung befindet, wurde es jemals, beziehungsweise wann wurde es das letzte Mal saniert? In welchem Stockwerk befindet sich die Wohnung? In welche Himmelsrichtung ist die Wohnung und die Terrasse ausgerichtet? Wie weit ist die Terrasse von Nachbarn und Nachbarhäusern einsehbar? Gibt es Tiefgaragenstellplätze im Haus, wie groß ist das Kellerabteil ..." und es sollten noch eine Menge weiterer Fragen folgen.

Es dauerte einige Minuten, bis der Immobilienexperte ein klareres Bild gewonnen hatte

Florian pfiff durch die Lippen. „Das sind aber eine Menge Punkte, mit den meisten davon habe ich mich bis dato noch gar nicht beschäftigt."

„Gratuliere, den Informationen zufolge hast du tatsächlich ein Schnäppchen gemacht. Hat dir der Makler auch sagen können, weshalb die Wohnung so günstig war?"

Florian schüttelte den Kopf.

„Ich kann es dir verraten: In dieser Straße wollte die Stadt Wien zukünftig die Buslinie 13A führen. Ein Bus, der von fünf Uhr morgens bis nach Mitternacht alle zehn Minuten durch die Straße brettert, lässt die Immobilienpreise nicht gerade explodieren. Öffentliche Anbindung ist gefragt, aber nicht direkt vor dem eigenen Fenster. Die neue Linienführung wurde dann Hals über Kopf doch verworfen. Das war kurz nachdem du die Wohnung erstanden hast. Der heutige Verkehrswert deiner Wohnung liegt etwa zehn bis fünfzehn Prozent über dem Kaufpreis, den du bezahlt hast."

Florian grinste über beide Ohren. „Das hätte ich nicht gedacht. Vielen Dank, das ist die Nachricht des Tages, was sage ich, die Nachricht des Monats."

Wilfried Fänger lächelte. „Es freut mich, wenn ich dir deinen Tag versüßt habe. Jetzt muss ich allerdings wirklich weg. Severin, wir hören uns. Florian, hier hast du noch einen Infofolder von meiner Firma. Vielleicht möchtest du die Wohnung ja irgendwann wieder verkaufen – Servus."

Florian griff nach dem Folder und protestierte lachend: „So schnell gebe ich das Schmuckstück nicht ab." Wilfried schüttelte den beiden noch die Hand, schlüpfte in seinen Mantel und verließ das *mavie*.

„Also, das nenne ich mal einen Immobilienexperten."

Severin nickte zustimmend. „Ich weiß, ich habe ihn damals bei der Suche nach einem geeigneten Lokal kennengelernt. Er war der Lichtblick in der verkäuferischen Finsternis der Immobilienfirmen. Ich suche derzeit wieder eine Immobilie als Kapitalanlage, und da kommt für mich nur er als Ansprechpartner in Frage."

„Völlig klar, jemand mit einer solchen Expertise ist jeden Cent wert", stimmte Florian zu.

„Hand aufs Herz, Florian, wie weit bist du auf deinem verkäuferischen Gebiet ein Experte?", fragte Severin ernst.

„Hmm, also ich glaube schon, dass ich mich gut in meinem Metier auskenne, aber so ein richtiger Experte bin ich noch nicht."

„Florian, mal angenommen, du würdest die Wohnung wieder verkaufen wollen, und es rufen dich haufenweise Makler an, die den Verkauf für dich übernehmen möchten. Alle würden dir versprechen, das auch gerne ohne Verkäuferprovision, also kostenlos für dich zu machen. Was würdest du tun?"

Florian musste nicht lange nachdenken. „Ich würde nicht eine Sekunde nachdenken, allen absagen, Wilfried beauftragen und die Provision nur zu gern bezahlen."

„So etwas in der Art habe ich mir schon gedacht. Jetzt mal angenommen, ein Kunde sucht in deiner Branche nach einer neuen Lösung bzw. nach einem neuen Anbieter. Was würde es wohl bedeuten, wenn du weithin als Experte bekannt bist?"

Florian runzelte die Stirn. „Tja, es würde mir die Argumentation und den Einstieg bedeutend erleichtern ..."

Severin nickte. „Genau. Wilfried hat uns deutlich einen der wichtigsten Erfolgsfaktoren im Verkauf gezeigt: Fachexpertise! Wir steuern auf äußerst unsichere Zeiten zu, in denen Preisdruck, Zeitdruck, globale Anbieter, riesige Mengen an widersprüchlichen Informationen und rasch wechselnde Ansprechpartner für Irritationen beim Kunden sorgen. Lediglich die Experten auf ihrem Gebiet werden diesen harten Wettbewerb im Verkauf bestehen. Verkauf in der Zukunft braucht Menschen, die sowohl verkäuferisch als auch fachlich Vollprofis sind. Mach dir einmal ein paar Gedanken bis zum nächsten Mal, wo du fachlich noch Steigerungspotenzial hast. Ich bin gespannt."

Die Zeit war wieder wie im Flug vergangen, Florian erhob sich von der Couch und blickte auf seine Uhr. Es war schon kurz vor zwölf.

„Alles klar, Severin, ich habe die Botschaft verstanden. Ich wünsch Euch beiden einen guten Rutsch. Bis übernächste Woche. Halt, jetzt hätte ich doch glatt die Glücksschweinchen vergessen."

Er überreichte seine Glücksbringer an Severin und Amelie und bekam seinerseits noch zwei Porzellanfiguren geschenkt. Florian packte den Folder von Wilfried in seine Tasche und machte sich auf den Weg. In seiner Wohnung angekommen, grinste er freudig. „Zehn bis fünfzehn Prozent Wertsteigerung in ein paar Monaten, nicht schlecht, Herr Fänger, so kann das neue Jahr beginnen."

Als er den Folder aus der Tasche nahm, rutschte der bekannte pergamentfarbene Umschlag heraus. „Danke Severin", murmelte Florian und öffnete das Siegel des Umschlags.

Deine Aufgabe zu diesem Coaching:

Welche fachlichen Bereiche fehlen dir noch auf dem Weg zum Experten?

- *produktbezogen*

- *Wissen über die Kundenlandschaft*

- *Wissen über Mitbewerber und deren Produkte*

- *Wissen über die regionale, überregionale und globale Entwicklung in deiner Branche*

- *tagesaktuelle Neuigkeiten in deiner Branche aus Fachmedien*

9. Ausdrucksfähigkeit

Florian war stolz auf sich. In den vergangenen zwei Wochen hatte er jede freie Minute genutzt, um sein Fachwissen aufzupolieren. Sein erster Weg hatte ihn zu Clemens geführt. Der Spitzenverkäufer des Unternehmens hortete einen wahren Schatz an Informationen. Zusätzlich zu den üblichen für die Verkäufer bestimmten Produktinformationen hatte dieser sich in der Technik und Produktentwicklung Datenblätter besorgt. Strukturiert hatte der Profi alle relevanten Informationen übersichtlich geordnet und mit Kunden- und Mitbewerberinformationen angereichert. Clemens hatte Florian die Informationen freudig überlassen. Noch niemand sonst in der Firma hatte sich dafür interessiert. Viele der (weniger erfolgreichen) Kollegen sahen in ihm einen Spinner, einen Nerd.

„Ich wünsche mir als Gegenleistung nur, dass du die Datenbank auch pflegst. Wenn ein Kunde dir eine Frage stellt, deren Antwort sich noch nicht darin findet, dann füge das bitte ein. Wenn du Informationen über den Mitbewerber erfährst, gilt das Gleiche. Ich freue mich über engagierte Mitstreiter", hatte der nette Kollege gesagt, und Florian stimmte natürlich dankbar zu.

Gerüstet mit vielen neuen Fachinformationen und bereit, Severin damit zu überraschen, betrat er das *mavie*. Franz und Amelie standen mit betroffenen Gesichtern neben der glänzenden Kaffeemaschine und nickten Florian nur kurz zu. Ein Mann im weißen kurzärmeligen Hemd und Krawatte stand bei ihnen und redete auf sie ein.

„Nein, das schaut ganz schlecht aus. Die ist so gut wie hinüber. Die Heizung scheint kaputt zu sein. Ich würde Ihnen zu einem Komplettaustausch raten, die Reparatur würde zu teuer kommen."

Severin hakte etwas genervt nach: „Aber wir lieben diese alte Maschine. Gibt es überhaupt etwas Vergleichbares im Neukauf?"

Der Mann antwortete: „Na ja, eigentlich nicht. Die Technik bei Ihrer derzeitigen Maschine ist geradezu vorsintflutlich. Ich hätte da aber etwas Ähnliches im Angebot. Das Design wäre fast gleich, nur die Technik und die Brühgruppe wären besser. Geschmacklich ist auch nicht viel Unterschied, glaube ich. So genau kann man das halt nie sagen. Das hängt von vielen Faktoren ab."

Amelie war mittlerweile purpurrot im Gesicht. Wenn jemand ihre heißgeliebte Espressomaschine in Frage stellte, dann hörte bei ihr der Spaß auf. „Aha, und worauf kommt es an. Darf man das erfahren?"

Etwas pikiert antwortete der Verkäufer: „Na ja, auf was es nun mal ankommt. Das Wasser, die Bohnen und so weiter."

„Ich denke, wir haben fürs Erste genug gehört. Wir melden uns dann", beendete Severin das Gespräch ungewöhnlich schnell.

Der Verkäufer packte seine Prospekte zusammen und schlüpfte in seine Jacke. „Ich lasse Ihnen noch meine Visitenkarte da, Sie rufen mich dann an?"

„Ganz sicher", murmelte Amelie mit zusammengebissenen Zähnen. Als der Mann das *mavie* verlassen hatte, drehte sich Amelie zu Florian und sagte sarkastisch: „Kaffee fällt heute aus, wie du bemerkt hast."

Severin schmunzelte: „Tja Florian, jetzt siehst du Amelie mal schlecht aufgelegt. Wenn ihre heimliche Liebe zickt, dann verdunkelt sich der Himmel über dem ersten Bezirk."

Die finstere Miene von Amelie lichtete sich ein wenig und alle mussten lachen.

„Kein Problem, Amelie, ich hatte heute schon genug Kaffee. Ich glaube, ich gönne mir heute ein Glas Rotwein."

Severin holte unterdessen eine Flasche Rotwein aus dem Weinschrank. „Perfekt, den gönnen wir uns jetzt. Von meinem Lieblingsweingut. Der Winzer ist mein bester Freund. Wir kennen uns seit dem Kindergarten. Das Tröpfchen wird dir schmecken. Hohen Gieser, ein Cuvee aus Cabernet Sauvignon und Zweigelt, im Barrique ausgebaut vom Weingut Piribauer aus der Region Rosalia im Burgenland 93 Falstaffpunkte. Der spielt in der ganz großen Liga mit." Sorgsam entkorkte er den Wein und goss jedem ein Glas ein. „So, Florian, was ist dir denn bei unserem Freund von vorhin aufgefallen?"

Florian schwenkte den Wein im Glas, betrachtete die Reflexe im Licht und roch genüsslich daran, bevor er einen Schluck nahm. „Also, in Bezug auf das Thema unseres letzten Coachings gewinnt der Herr wahrscheinlich nicht gerade den Hauptpreis in der Liga."

Severin grinste.

„Stimmt, bei der Fachschulung hatte er sicher Bohnen in den Ohren. Und in seinem Fall waren das wohl nicht einmal Kaffeebohnen."

Amelie kicherte verschmitzt in ihr Glas. Severin sprach weiter: „Abgesehen von der fachlichen Ahnungslosigkeit, hat der gute Mann jedoch auch sprachlich sehr dazu beigetragen, uns völlig zu verunsichern. Und das ist für einen Verkaufsprofi unverzeihlich. Verwirrte Kunden kaufen nicht – nur klare Kundenköpfe kaufen! Unser oberstes Ziel ist es, dem Kunden zu helfen, dass er nach unserem Gespräch klarer ist als vorher. Die Formulierungen des Herren vorhin jedoch waren voller Unsicherheiten und Konjunktive."

Florian antwortete: „Stimmt, er hat die ganze Zeit Sachen gesagt wie: ‚Ich glaube, ich würde, sie hätten und so weiter‘."

Severin nickte: „Richtig, damit vermittelst du deinem Gegenüber, dass du keine Ahnung von deiner Materie hast. Statt Sicherheit zu geben, verstärkst du die Verwirrung und Unklarheit."

Florian hörte gespannt zu. „Und wie vermittle ich dann Sicherheit?"

Severin nahm einen Schluck vom Wein, wiegte ihn andächtig im Mund und schluckte dann genüsslich. „Herrlich, dieser lange Abgang am Gaumen. Wie du Sicherheit vermittelst? Nun, Punkt eins: Indem du klar kommunizierst und deutliche Äußerungen und Empfehlungen aussprichst. Statt ‚Ich würde Ihnen empfehlen – Ich empfehle Ihnen!‘ Statt ‚Sie hätten eine Ersparnis – Sie ersparen sich!‘ Klare Aussagen und kein

Wischiwaschi! Punkt zwei: Sprachliche Gewandtheit. Ich hab mir einmal ein Auto angesehen, kein billiger Gebrauchtwagen, sondern Premiumklasse. Leider war der Verkäufer nicht Premium. Alles, was er mir gezeigt hat, war super. Das Navi war super, die LED-Scheinwerfer super, der Tempomat, erraten, war auch super. Ich konnte das Wort super schon nicht mehr hören. Nachdem er endlich fertig war mit seinem Palaver, wollte ich das Weite suchen. Er meinte jedoch, ich solle doch eine Probefahrt machen, das wäre doch ... ja genau, super! Spitzenverkäufer sind sprachlich gewandt und haben einen großen Wortschatz. Das ermöglicht ihnen, mit ihren Worten gezielt Emotionen anzusprechen. Und Emotionen sind unsere stärksten Verkaufsturbos. Zurück zum Autoverkäufer: Es gibt hunderte andere Formulierungen für super: fantastisch, großartig, genial, stark, klasse, außerordentlich, überdurchschnittlich und so weiter und so fort. Es kann nicht schaden, einen Blick in den Thesaurus zu werfen."

Florian legte den Kopf schief. „In den was? Welchen Saurus?"

„Den Thesaurus, du findest ihn in jedem Textverarbeitungsprogramm, es gibt aber auch gedruckte Ausgaben. Das kann dir helfen, verschiedene alternative Formulierungen für Wörter zu finden. Also, schreib dir das hinter die Ohren: Klare Ausdruckweise, kombiniert mit einer gewandten Wortwahl, hilft dir, überzeugend zu kommunizieren. Einen kleinen Moment ich glaube, ich habe da was für dich ..." Severin ging hinter die Bar und griff in eine der Schubladen. „Genau, wusste ich's doch. Hier, mein Lieber, das ist eine gedruckte Version des Thesaurus. Kannst ja einmal drin schmökern."

Florian nahm das dicke Buch entgegen. „Wow, das ist ja einmal eine Gute-Nacht-Lektüre. Ich werde mir ansehen, welche Alternativen es zu meinen Lieblingsworten gibt."

Severin nahm wieder Platz. „Mach das, Sprache ist eines unserer wenigen, wenn nicht das wichtigste Werkzeug. Und jeder Handwerker weiß: Es lohnt sich, in gutes Werkzeug zu investieren." Florian verabschiedete sich und verließ das *mavie*. Als er den Thesaurus auf den Beifahrersitz legte, bemerkte er den Umschlag zwischen den Seiten. Wetten, dass er pergamentfarben war und mit einem roten Siegel verschlossen?!

Deine Aufgabe zu diesem Coaching:

- *Verabschiede Konjunktive aus deinem Wortschatz in allen Situationen, die dem Kunden Sicherheit vermitteln sollen.*

- *Finde Formulierungen, die an dieser Stelle Klarheit vermitteln.*

- *Suche für deine Lieblingsworte Alternativen, um deinen Wortschatz zu erweitern.*

- *Finde emotionsstarke Worte, die deine Argumente unterstützen und mit Leben füllen.*

10. Interesse

Der Winter zeigte Ende Januar noch einmal so richtig seine Muskeln. Große Schneehaufen entlang der Straßenränder verschärften die ohnehin angespannte Parkplatzsituation im 1. Bezirk noch zusätzlich. Florian parkte sein Auto ein ordentliches Stück entfernt vom *mavie* und legte den Rest der Strecke zu Fuß zurück. Kalter Wind blies ihm Schneeflocken ins Gesicht, während er mit zusammengekniffenen Augen seinen Weg suchte. Umso mehr freute er sich, als er endlich die massive Tür erreicht hatte und in behagliche Wärme eintrat. Amelie legte gerade ein paar Scheite Holz in den knisternden Kamin und begrüßte Florian freundlich. Er trat sofort an die lodernden Flammen heran und wärmte sich seine Hände.

„Das ist die Belohnung des Tages, herrlich."

„Je vous en prie", antwortete Amelie. „Möchtest du auch eine heiße Zitronenlimonade dazu haben?"

„Dann wäre der Abend perfekt."

Amelie kam mit zwei dampfenden Bechern aus der Küche zurück, und nahm in einem gemütlichen Ohrensessel beim Kamin Platz. Florian setzte sich dazu.

„Sag mal, kommst du aus Frankreich? Dein Name klingt so französisch, und eben hast du doch auch französisch gesprochen?", fragte Florian.

Amelie lachte. „Meine Eltern stammen aus Paris. Ich bin in Wien aufgewachsen, wurde aber zweisprachig erzogen. Ich mag die Sprache nach wie vor und verbringe gerne meine Urlaube in Frankreich."

Florian dachte kurz nach. „Ich habe eine Kundin, die aus Frankreich kommt. Sie erzählt mir immer von der Gegend. Ich kann es mir einfach nicht merken. Irgendein Kloster im Meer ist dort in der Nähe."

Amelie zwinkerte Florian zu. „Du meinst die Abtei Mont-Saint-Michel. Die liegt in der Normandie. Schau dir einmal im Internet die Bilder dazu an. Die Spezialität dort sind übrigens Omeletts. Die Kundin würde sich sicher freuen, wenn du dich dafür interessierst."

Das Holz im Kamin knackte laut. Plötzlich spürte Florian eine Hand auf seiner Schulter.

„Und wenn Kunden sich deinetwegen freuen, dann hast du als Verkäufer etwas verdammt richtig gemacht", sagte Severin lächelnd und setzte sich zu den beiden.

„Wo bist du plötzlich hergekommen?", fragte Florian verwundert.

„Severin kommt nicht, er erscheint. Ich hole uns noch etwas heiße Zitronenlimonade", lachte Amelie und ging zur Küche.

„Hallo Florian, da bin ich ja zum richtigen Stichwort gekommen. Interesse am Kunden ist keine Verkaufstechnik, sondern für mich menschliche Grundvoraussetzung. Viele Verkaufsmitarbeiter interessieren sich in erster Linie für ihre Verkaufsziele. Dabei sind es vor allem die Kleinigkeiten, die den Unterschied ausmachen. Wenn ein Verkäufer sich erinnert, dass einmal im Jahr die Vertragsverlängerung ansteht, dann ist das ja keine Kunst. Wenn du dich aber an Details erinnerst, die eigentlich nur Randthema waren, dann zeigst du dem Kunden wahre Wertschätzung."

Florian war grundsätzlich einverstanden. „Das mag ja alles stimmen, Severin, und das Kloster in der Normandie hätte ich mir auch so merken können. Aber ich kann mich ja nicht an alles erinnern. Ich habe so viele Kundentermine am Tag. Wie soll ich ein halbes Jahr später dann noch wissen, wie die Katze der Tochter heißt oder wo die Schwiegermutter in Urlaub war?"

Severin grinste. „Hab ich schon einmal erwähnt, dass *Ich kann nicht*! eigentlich *Ich will nicht*! bedeutet? Welch ein Glück, Florian, dass wir im 21. Jahrhundert leben. Wenn du es dir merken willst, dann gibt's viele Möglichkeiten. Entweder du verwendest das firmeninterne Kundenmanagementsystem, und wenn es keines gibt, dann tut's zur Not auch dein elektronisches Adressbuch. Hier kannst du nicht nur die Namen mit den zugehörigen Telefonnummern, Postadressen, Mailadressen und so weiter eintragen, sondern immer auch Notizen."

Florian rief die Anwendung auf seinem Mobiltelefon auf und siehe da, tatsächlich entdeckte er den Notizenbereich gleich auf Anhieb. „Ich probiere das gleich einmal aus! Severin König, da habe ich dich schon. Trinkt gerne Rotwein – wie hat dieser nochmal geheißen, ach ja, Hohen Gieser aus dem Burgenland."

Severin schmunzelte. „Gut gemerkt, und jetzt kannst du es auch nicht mehr vergessen. Wichtig ist natürlich, dass du dieses Wissen sehr subtil und gezielt in deine Gespräche einbaust. Der Kunde soll sich natürlich nicht vorkommen, als würdest du jeden Wimpernschlag von ihm dokumentieren. Wenn er dir begeistert von seiner geplanten Reise auf die Malediven erzählt, dann ist das sicher ein Thema für das nächste Gespräch. Ebenso beispielsweise meine Vorliebe für einen bestimmten Wein. Die Katze der Tochter ist dann vielleicht einen Tick zu persönlich."

Amelie klinkte sich wieder ins Gespräch ein. „Ich denke, dass ein ehrliches Interesse am Gegenüber das Wichtigste ist. Das macht für mich den Unterschied zwischen einem Roboter und einem Menschen aus. Bei all der Digitalisierung, die uns bevorsteht. Eines kann die Künstliche Intelligenz noch nicht: Menschlichkeit, Empathie und Interesse zeigen."

Florian grinste: „Habe verstanden, ich werde da zukünftig noch mehr Wert darauf legen." Er trank noch den letzten Schluck Limonade aus und wandte sich an Amelie: „Stichwort Interesse: Kannst du mir das Rezept für die Zitronenlimonade mitgeben, die möchte ich zu Hause einmal für meine Freundin machen. Die schmeckt sensationell!"

„Klar, ich gehe in die Küche und schreibe dir das Rezept auf. Kannst auch gleich einen Sack Zitronen und ein paar Zutaten haben, ich brauche nicht so viel." Als sie ein paar Minuten später zurückkam, hatte sie einen Stoffbeutel für Florian mitgebracht.

„Vielen Dank, Amelie, ich werde dir berichten, wie mir die Limonade gelungen ist."

Florian packte seine Sachen zusammen und machte sich nach der Verabschiedung auf den Heimweg. Als er dort angekommen war und die Zitronen und die anderen Zutaten wegräumen wollte, war auch noch der pergamentfarbene Umschlag mit dabei. Diesen packte er gleich zu seinem Laptop, um die Punkte am nächsten Tag in Angriff zu nehmen.

Deine Aufgabe zu diesem Coaching:

Interesse am Kunden ist ein wesentlicher Bestandteil für den Beziehungsaufbau!

- *Wie stellst du sicher, dass du auch wichtige Details nicht vergisst?*

- *Wie kannst du dieses Wissen zukünftig in die Vor- und Nachbereitung der Kundengespräche einbinden?*

11. Anpassungsfähigkeit

Im *mavie* herrschte eine Atmosphäre wie auf einem Bahnhof. Eine Gruppe Chinesen hatte sich in das Lokal verirrt und gestikulierte mit Händen und Füßen, untermalt von lautstarken Versuchen, sich Verständnis zu verschaffen. Amelie hatte alle Mühe, in dem Gewirr die Bestellungen auf die Reihe zu bekommen. Wie sie das letztlich geschafft hatte, dass jeder am Ende dann doch zufrieden schlürfend vor Kaffee, Tee und anderen Getränken saß, grenzte für Florian an ein Wunder. Er hatte gerade Platz genommen, als auch Severin freundlich grüßend das Lokal betrat. Amelie raufte sich theatralisch die Haare, als sie ihn erblickte.

Severin lachte fröhlich.

„Sorry, Amelie, ich hatte geplant, früher zu kommen, aber die U-Bahn ist komplett ausgefallen, und ich musste den Bus nehmen."

Amelie wollte eben antworten, als die Chinesen mit ihren Geldbörsen winkten. „Bin gleich wieder bei euch. Severin kann uns ja in der Zwischenzeit Kaffee machen. Den hab ich mir jetzt verdient."

Severin erhob sich. „Das bekomme ich hin."

Nachdem im Lokal wieder Ruhe eingekehrt war, nahmen Severin und Amelie Platz. Amelie wandte sich an Florian. „Na, wie geht's dir? Was macht eigentlich die Wohnungsrenovierung?"

Florian rieb sich das Kinn. „Es mag ja unzuverlässige Verkäufer geben, aber Handwerker sind da noch einmal ein eigenes Kapitel. Die Renovierungsarbeiten haben noch nicht einmal begonnen. Lassen wir das Thema lieber. Ich habe aber eine Frage an euch beide. Heute hatte ich einen Kundentermin. Dass dieser knifflig wird, hatte ich schon eine Weile befürchtet. Ich habe den Kunden von einem Kollegen übernommen, und er meinte bereits, dass der Kunde schwierig ist. Das hat sich dann leider bewahrheitet."

Severin nahm einen Schluck von seinem Kaffee und fragte dann nach: „Was war denn so schwierig an dem Kunden?"

Florian antwortete: „Also, fangen wir von vorne an. Ich komme ins Büro des Kunden und begrüße ihn freundlich. Er schaut mich an, grüßt knapp, ohne auch nur die Spur eines Lächelns. Der nächste Satz ist dann gleich: ‚Wurde ja auch Zeit, dass von Euch mal jemand auftaucht.' Und in der Weise ist es dann weitergegangen. Alles wollte er bis ins Detail wissen, hat hundertmal nachgefragt, alles mitgeschrieben, so als würde er mir nicht trauen. Das hat alles gedauert. Trotzdem hat er mich immer unterbrochen und gesagt: ‚Nicht so schnell, nicht so schnell.' Ehrenwort, die Chinesen gerade eben hätten mich wahrscheinlich besser verstanden. Was soll ich nur mit solchen Kunden machen? Eigentlich wäre er wichtig, aber erstens mag er mich nicht, so wie das ausschaut, zweitens mag er wahrscheinlich auch unsere Produkte nicht, so wie er immer nachgefragt hat, und drittens kapiert er scheinbar gar nix."

Severin hatte gespannt zugehört. „Was, wenn ich dir garantiere, dass der Kunde sehr wohl großes Interesse an dir und deinen Produkten hat?"

Florian schüttelte den Kopf. „Nein, das kann ich mir nicht vorstellen."

Severin zeigte zur Ausgangstür. „Was war bei der Gruppe aus China vorhin das größte Problem?"

Florian musste nicht lange nachdenken. „Sie sprechen eine komplett andere Sprache und kommen aus einem anderen Kulturkreis."

Severin nickte. „Richtig. Und nicht viel anders verhält es sich mit deinem Kunden. Wenn er nicht an deinen Produkten interessiert gewesen wäre, dann hätte er dich vermutlich nach spätestens fünf Minuten aus seinem Büro geworfen. Gerade weil du es ihm so schwer gemacht hast."

Florian entgegnete entrüstet: „Was, ich habe es ihm schwer gemacht? Er hat es mir doch schwer gemacht."

Severin deutete Florian beschwichtigend. „Florian, es ist nicht die Aufgabe des Kunden, es dir leicht zu machen. Dein Job ist es, dich auf den Kunden einzustellen. Und das ist dir offensichtlich in diesem Fall misslungen. So wie du deinen Kunden beschreibst, legt dieser wenig bis gar keinen Wert auf menschliche Beziehung zum Verkäufer. Für ihn zählt Sachlichkeit und Inhalt. Diesen möchte er detailliert und strukturiert erfassen können. Zu schnelle Kommunikation wirkt auf ihn, als würdest du etwas verheimlichen wollen. Er hält sich nicht lange mit Small Talk auf, sondern will schnell auf den

Punkt kommen. Wenn ihm etwas nicht passt, dann sagt er das sofort und ungeschminkt."

Florians Mund stand offen. „Das ist mein Kunde. Woher kennst du ihn? Das trifft eins zu eins auf ihn zu."

Severin setzte fort: „Ich kenne diesen Kunden natürlich nicht persönlich, aber ich kenne diesen Persönlichkeitstyp. Die gute Nachricht ist, du kannst mit diesem Kunden einen treuen Stammkunden gewinnen, wenn du ein paar Dinge beherzigst: Verzichte auf jegliche Art von Small Talk. Sage ihm, dass du gleich zum Punkt kommen möchtest. Zeige ihm alle Details deines Angebots im Detail und ausführlich. Nimm dir ausreichend Zeit und belege deine Aussagen mit Beispielen, Schaubildern und Fallstudien. Bestätige ihn darin, dass er sich am besten seine eigene Meinung zu der Thematik machen soll und interessiere dich für seine Ansichten. Dann wirst du sehen, dass sich der Kunde dir gegenüber plötzlich öffnen wird."

Florian hatte seinen Laptop herausgeholt und Stichworte mitnotiert. „Da bin ich sehr gespannt. Wir haben einen Folgetermin ausgemacht, was mich ehrlich gesagt angesichts seines Verhaltens gewundert hat, aber jetzt wird das Bild klarer. Ich hatte die detaillierten Produktdatenblätter nicht dabei, weil sich normalerweise niemand dafür interessiert. Aber so, wie du den Kunden beschrieben hast, ist das natürlich sehr wichtig. Jetzt werden mir plötzlich sehr viele solcher Situationen viel klarer. Ich habe einige solcher Kunden. Je skeptischer sie wurden, umso mehr habe ich geredet und argumentiert. Ich habe mich förmlich um Kopf und Kragen geredet. Und damit wahrscheinlich das genaue Gegenteil bewirkt. Hätte ich mich an den Kunden angepasst, hätte ich mir den einen oder anderen Ärger erspart."

Severin lehnte sich zurück und seufzte. „Hätte, täte, Fahrradkette. Jetzt weißt du, was der Grund war und kannst diesen Fehler zukünftig vermeiden. Lass dir in den ersten Minuten des Gesprächs bewusst Zeit, um den Kunden zu lesen. Achte darauf, wie schnell er spricht, in welcher Lautstärke, wie emotional er die Informationen bringt, welche Worte er verwendet, spricht er im Dialekt, wie wichtig sind Details für ihn, wie hoch ist sein Bedürfnis nach Nähe und Kommunikation ist, und dann passe deine Art zu sprechen an, aber bleibe authentisch. Wenn du seinen Dialekt nicht beherrscht, dann lass es bleiben. Beschränke dich auf die Elemente, die du, ohne dich zu verbiegen, ändern kannst, also Tempo, Lautstärke, Detailtiefe, Emotionen und so weiter. Du wirst bemerken, alles wird plötzlich leichter."

Florian lachte. „OK, also den Vorarlberger Dialekt kann ich schon einmal abhaken. Den bring ich nie und nimmer. Aber alles andere, genau, das kann ich sehr wohl anpassen. Ich bin schon gespannt, wie das nächste Gespräch mit diesem Kunden wird."

In dem Moment schwang die Tür auf und eine Gruppe Japaner strömte ins Lokal. Amelie zwinkerte Severin zu. „Na, das überlass ich mal dem Chef."

Severin grüßte die Gruppe und wandte sich noch kurz an Florian: „Ich habe dann ja wohl zu tun. Kannst du bitte noch beim Briefkasten vorbeilaufen und diese Briefe einwerfen. Ich habe wegen der U-Bahn-Verspätung keine Zeit mehr gehabt. Schönen Abend noch" und schon war er bei der Gruppe. „Kon'banwa! Ogenki desu ka?" Die Japaner, halb erschrocken, halb erstaunt, dass in Wien jemand ihre Sprache beherrschte, antworteten schnatternd.

„Severin kann Japanisch", murmelte Florian erstaunt. Was sollte ihn eigentlich bei dem Mann noch wundern? Er schnappte sich das Päckchen Briefe, aus dem ein pergamentfarbener Umschlag hervorlugte. Den würde er wohl behalten ...

„Tschüss Amelie, bis bald. Auch dir einen schönen Abend."

Florian hatte sein Auto heute nicht weit entfernt geparkt, machte aber noch den kleinen Umweg zum Briefkasten. Dabei ging ihm der scheinbar schwierige Kunde nicht aus dem Kopf, der einfach nur anders war als er.

Deine Aufgabe zu diesem Coaching:

- *Welche Kunden sind schwierig für dich in der Kommunikation?*

- *Welche Muster kannst du erkennen, wie unterscheiden sich die Kunden in deren Art zu kommunizieren von deiner Art?*

- *Wie kannst du dein Verhalten zukünftig so anpassen, dass dich die Kunden besser verstehen?*

12. Nutzenargumentation

Florian betrat gut gelaunt das *mavie*. Er hatte heute den zweiten Termin mit dem vermeintlich schwierigen Kunden gehabt und einen sensationellen Verkaufserfolg eingefahren. Genau wie von Severin prognostiziert, öffnete sich der Kunde in dem Moment, wo Florian detailliert und Punkt für Punkt auf die Besonderheiten seiner Lösung eingegangen war. Er war richtig stolz auf sich.

„Perfektes Timing, auf dich habe ich schon gewartet", rief Amelie durch das halbe Lokal.

„Ähm, worum geht's?", wurde Florian aus seinen Gedanken gerissen.

„Ich muss einen Kleiderhaken neu befestigen, da brauche ich jemanden, der mir assistiert", antwortete Amelie, mit einem Flanellhemd bekleidet und einen Werkzeuggürtel um ihre Hüften.

„Wenn ich dich so ansehe, dann fällt mir diese alte Serie ‚Der Heimwerker King' ein. Ich bin ja schon gespannt, ob das Lokal noch steht, wenn wir mit der Montage fertig sind."

„Hallo? Du unterschätzt mich, von mir könnte so mancher Handwerker noch etwas lernen", schmollte Amelie. „Jetzt aber los, ich habe schon alles vorbereitet."

Ausgerüstet mit Leiter, Wasserwaage und Bohrmaschine montierte Amelie mit Florians Hilfe den Kleiderhaken innerhalb kürzester Zeit fachmännisch und routiniert. Severin kam kurz darauf mit einem Karton Wein ins *mavie*.

„So ein Pech aber auch! Ich wollte dir doch unbedingt helfen, Amelie." Diese kniff die Augen zusammen und antwortete schnippisch:

„Ich lasse das jetzt einfach mal unkommentiert."

„Aber die Arbeit kann sich sehen lassen. Ich glaube, ihr beiden habt euch jetzt eine Pause verdient."

Amelie und Florian räumten noch das Werkzeug beiseite und setzten sich zu Severin.

„Amelie, meine Liebe, wenn ich dich mit der Bohrmaschine sehe, fällt mir immer der Vortrag von Heinz Goldmann ein."

Florian legte den Kopf schief. „Wer ist Heinz Goldmann?"

Severin antwortete prompt: „Heinz Goldmann war der erste große Verkaufstrainer und Experte im deutschsprachigen Raum. Sein Werk ,Wie man Kunden gewinnt' ist ein absoluter Klassiker und Bestseller. Amelie und ich haben ihn vor vielen Jahren einmal in einem Vortrag erlebt. Einer der Sätze war damals: ,Du verkaufst nicht den Bohrer, sondern das Loch in der Wand.' Klingt absolut banal, aber für mich ist es immer noch eine der klügsten und wichtigsten Aussagen zum Thema verkaufen."

Florian überlegte kurz. „Hm, nicht den Bohrer, sondern das Loch in der Wand ..."

Severin fuhr fort: „Genau, die meisten Menschen im Verkauf sprechen über Produktmerkmale, ihr Produkt, wie toll es ist und so weiter. Doch in Wirklichkeit interessiert das den Kunden natürlich nicht. Der Kunde interessiert sich lediglich dafür, was es für ihn bedeutet. Was es ihm bringt. Darum das Loch in der Wand. Der ultrahochvergütete Stahl mit Diamantbeschichtung und Quantenhärtung klingt zwar cool, doch kaufen wird der Kunde lediglich den Nutzen, der in diesem Beispiel wahrscheinlich darin besteht, dass er mit einem Bohrer hundertmal mehr Löcher bohren kann als bisher."

Florian nickte. „Klingt logisch!"

Severin schnaufte kurz. „Klingt logisch, und trotzdem schaffen es die wenigsten Menschen im Verkauf, das zu beherzigen. Fast alle verlieren sich in endlosen Produktbeschreibungen und Features. Reden über sich und das Produkt und vergessen in der Begeisterung völlig den Kunden."

Florian nickte betroffen. „Wenn ich ganz ehrlich bin, dann passiert mir das auch immer wieder. Irgendwie kann ich dem Drang nicht widerstehen das ganze Fachwissen loszuwerden."

Severin nickte. „Ich weiß, Florian, du bist in guter Gesellschaft! Meine Empfehlung: Verknüpfe zukünftig die Produktmerkmale, die du dem Kunden aufbauend und bezugnehmend zur Bedarfserhebung nennst, einfach mit seinem Nutzen. Überlege dir also: Was ist für den Kunden wichtig? Worauf legt er Wert? Was ist entscheidungsrelevant? Darauf bezogen nennst du das passende Produktmerkmal, in Kombination mit dem Kundennutzen."

Florian hakte nach: „Das habe ich verstanden, Severin, aber ich bin mir noch nicht hundert Prozent sicher, wie ich Merkmal und Nutzen unterscheiden kann."

Severin antwortete: „Das ist ganz einfach. Du stellst dir einfach vor, dass über dem Kopf des Kunden ein riesiger LED-Screen hängt, auf dem steht: ‚Was bringt mir das? Was habe ich davon?‘ Wenn diese Frage beantwortet ist, dann ist es ein Nutzen. Wenn nicht, dann ist es ein Merkmal."

Florian hatte die Worte in sein Handy getippt. „OK, das ist einfach."

Severin hakte nach: „Gut, dann machen wir gleich einen Test: Die neue Maschine hat eine hochdruckbedampfte Nanotech-Beschichtung. Ist das ein Merkmal oder ein Nutzen?"

„Was bringt mir das? Was habe ich davon?", Florian murmelte die Testfragen. „Das ist ein Merkmal, weil ich die Fragen nicht beantworten kann."

Severin war zufrieden. „Richtig. Pass allerdings auf, dass du in Bezug auf die Beantwortung der Fragen immer den Kunden im Kopf hast. Es bringt nichts, wenn *du* die Frage beantworten kannst. Entscheidend ist immer, ob die Fragen durch die Aussage beantwortet werden. Verwende einfach folgende Formulierungsvarianten: ‚Das bringt Ihnen, Das hilft Ihnen, Das erleichtert Ihnen, Das verbessert für Sie, der Vorteil für Sie ist, der Nutzen für Sie ist, damit erreichen Sie, damit verbessern Sie‘ und so weiter. Jetzt habe ich noch einen Spezialtipp: Wenn du in der Bedarfserhebung sehr genau hingehört hast, dann wirst du erkennen, dass manche Kunden ein sogenanntes *Weg von* Entscheidungstendenzen haben. Damit ist gemeint, dass sie Entscheidungen nicht deshalb treffen, weil sie damit etwas erzielen, sondern weil sie damit etwas vermeiden. Das ist ein völlig anderes Weltbild. Während manche Menschen Projekte deshalb anstoßen, weil sie dadurch den nächsten operativen Schritt gehen wollen, tun andere dies, um nicht in Schwierigkeiten zu kommen. Hier sagst du dann, was er vermeiden kann, wovor es ihn bewahren wird, was er sich erspart oder ähnliche Formulierungen. Wenn du genau zuhörst, dann wirst du diesen Unterschied bereits in deiner Bedarfserhebung heraushören."

Florian war etwas überfordert. „Aber was ist, wenn ich mir nicht sicher bin?"

Severin lächelte. „Kein Malheur, mein Lieber! Dann nennst du einfach beide Varianten: ‚Lieber Kunde, Sie erreichen damit XY und vermeiden dadurch Z.' Dann sprichst du garantiert alle Kundentypen an."

In Florians Kopf ratterte es. Jetzt war ihm klar, weshalb er bis dato bei manchen Kunden einfach nicht mehr weitergekommen war.

Amelie schaltete sich in die Konversation ein. „Ich will ja jetzt nicht unterbrechen, aber kannst du eine Kleiderhakenleiste für deine neue Wohnung gebrauchen. Es waren zwei in der Packung und wir brauchen nur eine!"

Florian nickte erfreut: „Ja sehr gerne sogar. Die ist ja richtig edel."

Amelie lächelte: „Fein, danke fürs Helfen, dann sind wir quitt. Ich packe sie dir gleich ein." Florian war bereits müde und freute sich zugleich, das neu gewonnene Wissen zum Kundennutzen gleich morgen anzuwenden.

„Leute, ich mach mich auf den Weg, Katharina wartet auf mich. Ich freue mich auf nächste Woche." Severin und Amelie verabschiedeten sich von Florian und machten es sich vor dem Kamin gemütlich.

Ein wenig später packte Florian zu Hause die Kleiderhakenleiste aus, um sie seiner Freundin zu zeigen, als ein pergamentfarbener Umschlag zu Boden fiel ...

Deine Aufgabe zu diesem Coaching:

- *Formuliere passend zu deinen Produktmerkmalen den entsprechenden Nutzen.*

- *Überlege dir für jedes Merkmal entsprechende Hin zu und Weg von Varianten.*

- *Achte in den nächsten zwei Wochen bewusst bei deinen Argumenten darauf, ob du echten Nutzen oder nur Merkmale kommunizierst.*

13. Infotainment

„Mayday, Mayday, Mayday", rief Florian, als er die schwere Tür zum *mavie* öffnete.

Amelie und Severin standen vor der wuchtigen Bar und unterhielten sich mit einer rothaarigen Frau. Alle drei drehten sich spontan zu ihm um. Jetzt erst erkannte er, wer die Frau war. Birgit Kleinmeier, die bekannte Burgschauspielerin.

Florian stammelte: „Guten Tag! Sorry, dass ich hier so hereinplatze.

„Kein Problem, wir haben uns gerade über die wenig schmeichelhafte Kritik einer Boulevardzeitung zu meinem letzten Stück unterhalten, die Ablenkung kam zum richtigen Zeitpunkt. Servus, ich bin die Birgit."

Die Schauspielerin drückte Florian kräftig die Hand.

„Florian, wo drückt denn der Schuh? Du scheinst ja völlig durch den Wind zu sein", fragte Severin.

Florian blickte niedergeschlagen zu Boden.

„Der Vertriebsleiter hat mich heute in der Früh angerufen. Da ich in den letzten beiden Monaten so deutliche Steigerungen gezeigt habe, darf ich die jährliche Kick-Off-Präsentation vor dem Vorstand machen."

Severin klatschte in die Hände. „Ja, das ist doch großartig. Warum dann so betrübt?"

Florian riss die Hände zur Decke

„Aber ich bekomme schon weiche Knie, wenn ich nur daran denke. Der Auftritt ist erst Ende der Woche, und ich bin jetzt schon völlig fertig."

Birgit Kleinmeier schaltete sich ins Gespräch ein: „Tja, junger Mann, mit Auftritten kenne ich mich aus. Der Boulevard ist zwar anderer Meinung, aber das Publikum ist scheinbar auf meiner Seite."

Severin schnappte nach Luft. „Nicht nur das Publikum! Zwei Nestroypreise, deutscher Filmpreis, eine Romy für die beste Schauspielerin, Großer Diagonale Schauspielerpreis, soll ich noch weitermachen?"

Birgit verdrehte kurz die Augen und winkte ab. „Schon gut, genug der Lorbeeren. Das ist nicht meine Bühne, heute steht Florian im Rampenlicht."

Florian wirkte leicht verunsichert: „Ich schwitze jetzt schon."

Birgit lachte. „Gut so, Lampenfieber hält deinen Geist wach! Dann hast du schon etwas gemeinsam mit jahrzehntelangen Profis auf der Bühne – selbst sie kennen diesen Zustand. Nimm Platz und mach dich bereit, ich werde dir nun zehn wichtige Werkzeuge professioneller Schauspieler mitgeben, mit denen du dein Publikum zukünftig fesseln wirst."

Florian setzte sich in einen der gemütlichen Ohrensessel und packte seinen Schreibblock aus.

„Die goldenen Zehn lauten: *Auftritt*, *Einstieg*, *Inhalt*, *Stimme*, *Blickwechsel*, *Haltung*, *Standpunkt*, *Bewegung*, *Vampire* und *Pausen*.

Beginnen wir mit der Nummer eins, der *Auftritt*. Hier gilt Nomen est Omen. Kein Schauspieler schlendert palavernd auf die Bühne. Er tritt auf. Er kommt auf die Bühne, blickt ins Publikum, füllt den Raum mit seiner Energie, und dann beginnt er zu sprechen. So wirst auch du das zukünftig machen. Du bleibst vor deiner Präsentation bewusst off stage, das heißt außerhalb des Wahrnehmungsfokus deines Publikums. Erst wenn du dran bist, gehst du schweigend in das Zentrum der Aufmerksamkeit, nimmst einen Atemzug, nutzt die Zeit für einen Blick zum Publikum und lächelst. Erst dann beginnst du mit dem *Einstieg*. Es gibt keinen besseren Zeitpunkt als die ersten paar Sekunden, um die Aufmerksamkeit deines Publikums zu fesseln. Deshalb verzichtest du auf den ganzen rhetorischen Müll wie: ‚Danke, dass Sie da sind, mein Name ist, schöner Raum hier, ich zeige Ihnen jetzt, wie toll wir sind' und so weiter. Die meisten Menschen sprechen in Präsentationssituationen über sich, ihr Unternehmen, und ihr Produkt. Wenn das Publikum vorher nicht geschlafen hat, dann jetzt. Überrasche sie stattdessen mit einer Aussage oder einer Frage, die sie direkt betrifft, und dann erst knüpfst du eine Begrüßung an. Nehmen wir an, der Raum ist voller Gastronomen: ‚Neueste Meinungsumfragen zeigen: 50 % der Kaffeehausbesucher konsumieren weniger als 3 Euro. Das Institut für höhere Studien prognostiziert: 70 % der Kaffeehäuser werden in 10 Jahren nicht mehr existieren! Herzlich Willkommen zu unserem heutigen Workshop: Gastfreundlich und profitabel in die Zukunft – Strategien für mehr Wertschöpfung in der Gastronomie!' Jetzt hast du garantiert die ungeteilte, volle Aufmerksamkeit. Nun kannst du deine Botschaften und *Inhalte* erfolgreich kommunizieren. Erzähle in der Vorbereitung deinen Text probeweise einem unbeteiligten Publikum. Deiner Freundin oder deinen Freunden. Es macht gar nichts, wenn diese von der besprochenen Materie keine Ahnung haben, im Gegenteil. Widersprüche in deinen Aussagen fallen Unbeteiligten oft noch schneller auf als Eingeweihten."

Florian hörte konzentriert zu und sandte bewundernde Blicke zu der beeindruckenden Frau.

„Aber nicht nur, was du sagst, sondern auch, wie du es sagst, macht den Unterschied. Damit du nicht zu schnell und undeutlich sprichst, kannst du vor deiner Präsentation die Korkenübung machen. Du steckst dir dafür einen Korken zwischen die Zähne. Zur Not tut's auch der Daumen. Dann sprichst du ein bis drei Minuten mit diesem Hindernis im Mund deinen Text so deutlich wie möglich. Diese Übung wirkt Wunder, du wirst nicht nur akzentuierter, sondern auch automatisch langsamer sprechen. Das ist wichtig, denn mit deiner *Stimme* machst du Stimmung. Das gilt auch für deine Augen. Wenn Personen in den Medien unkenntlich gemacht werden müssen, dann reicht ein schwarzer Balken über den Augen. Warum? Weil diese eine enorme Aussagekraft haben und uns sehr viel mitteilen. Deine Augen sind daher aufs Publikum gerichtet. Dein Blick wandert ruhig und gleichmäßig durch den Raum. Du blickst weder auf den Boden vor dir noch über das Publikum hinweg. Als Faustregel kann gelten: spätestens bei jedem neuen Satz ein *Blickwechsel*. Achte auch darauf, mit welcher *Haltung* du deine Bühne bespielst. Unsere Sprache macht deutlich, welchen Stellenwert dieser Faktor hat. Man sagt nicht umsonst: Welche Haltung hast du zu diesem Thema? Ebenso wichtig ist der *Standpunkt*.

Gerade dynamische Menschen bewegen sich gerne beim Sprechen und brauchen dies auch, um ihre Worte zu finden. Doch spätestens, wenn du zur Kernaussage kommst, also dann, wenn es um deinen inhaltlichen Standpunkt zum Thema geht, dann bleibe stehen und schaue ins Publikum. Die Menschen wollen spüren, ob du wirklich zu deiner Sache stehst. Generell bleibt es dir überlassen, wieviel du dich bewegst. Sei dir allerdings bewusst, dass das Auge der *Bewegung* folgt. Es ergibt ein überzeugenderes Bild, wenn du die gesamte Bühne für deinen Auftritt nutzt und nicht rechts oder links neben der Leinwand festgenagelt stehst oder schlimmer noch, verschanzt hinter einem Rednerpult. In diesem Moment ist wichtig, dass nichts von deiner Botschaft ablenkt. *Vampire* saugen Blut und in der Präsentation saugen sie Aufmerksamkeit. Bevor die Veranstaltung losgeht, vergewissere dich daher, dass sich nichts Störendes im Fokus des Publikums befindet. Flipcharts mit Zahlen vom Vorredner, Werbematerial vom Mitbewerber und Ähnliches. PowerPoint-Folien mit viel Text zählen dazu genauso. Beschränke deine Bilder auf das Wesentliche, alles andere ist betreutes Lesen. Wenn du wieder im Mittelpunkt stehen möchtest, dann schalte mit der Taste B auf eine Schwarzfolie oder du baust diese schon bei der Erstellung bewusst ein. Genauso wie die Schwarzfolien solltest du auch ganz bewusst *Pausen* in deine Präsentation einbauen. Sie geben deinem Publikum die Gelegenheit, das Gesagte zu überdenken und schaffen Spannung und Neugier für alles, was noch kommt. Zu guter Letzt, der wichtigste Faktor ..."

Florian hatte begeistert mitprotokolliert und blickte neugierig zu Birgit. „Moment, es waren doch schon zehn."

Birgit lachte: „Ja, das stimmt. Der letzte Faktor ist mein persönlicher Tipp für dich und er lautet: Im Zweifel vergiss das alles! Du kannst jeden einzelnen dieser Faktoren gerne verwenden, um noch überzeugender zu werden, aber das Überzeugendste bist *Du,* Florian. Wenn du in deinem Thema sicher und von deiner Botschaft überzeugt bist, dann springt der Funke auch auf dein Publikum über. Denn im Gegensatz zu mir musst du nichts spielen."

Florian strahlte. „Danke Birgit, ich denke, ich werde mir beides zu Herzen nehmen. Die zehn Faktoren können mir helfen, noch sicherer zu werden, aber ich verlasse mich darauf, dass der Vorstand meine Begeisterung und Freude an der Arbeit erkennt, denn dafür brauche ich keine PowerPoint-Präsentation und kein Flipchart."

Birgit umarmte Florian und drückte ihm noch ein Programmheft in die Hand. „Ich würde mich freuen, wenn ich dich in einer der nächsten Vorstellungen begrüßen darf. Du findest im Programmheft zwei Karten für Logenplätze. Es hat mich gefreut, dich in ein paar Geheimnisse meiner Zunft einzuweihen."

Florian freute sich riesig über die Freikarten. Er verbrachte mit Severin, Amelie und Birgit noch einen ausgelassenen Abend, und es wunderte ihn nicht, dass er neben den Freikarten noch einen pergamentfarbenen Umschlag fand, dessen Inhalt heute in einer anderen Handschrift verfasst war ...

Deine Aufgabe zu diesem Coaching:

- *Richte deinen Fokus auf die zehn Erfolgsfaktoren für erfolgreiche Auftritte und Präsentationen. Wo findest du bei dir noch Potenzial?*

- *Darüber hinaus: Die stärkste Überzeugungswirkung geht von dir als Person aus, wenn du authentisch und sicher deine Botschaft vertrittst. Hinter welchen fünf Kernaussagen stehst du voll und ganz?*

14. Einwandmanagement

Der Frühling duftete herrlich, und Florian freute sich schon auf den gemütlichen Tagesausklang mit Amelie und Severin. Die beiden saßen im Gastgarten und unterhielten sich gerade mit einem Mann, der bei ihnen stand.

Als der Mann Florian erblickte, begrüßte er ihn freundlich: „Guten Abend, junger Mann. Herrlicher Tag heute, nicht wahr? Perfekt wird er aber erst mit der richtigen Zeitung im Arm. Ich kann helfen, von mir bekommen Sie einen druckfrischen Augustin."

Auch Florian las die bekannte Stadtzeitung, die von Obdachlosen verkauft wurde, häufig.

„Guten Abend auch Ihnen, nein danke. Aber ich habe gestern schon eine Zeitung gekauft."

Der Verkäufer reagierte begeistert. „Ja, großartig, ein Stammkunde. Ich sage immer: Einen braucht man zum selbst lesen, den anderen zum Verschenken."

Florian lächelte verlegen. „Ich habe aber gar kein Kleingeld dabei."

Wieder reagierte der Verkäufer sofort: „Aber mein Herr, ich kann doch wechseln. Her mit dem Schein, und der Augustin ist dein!"

Florian gab lächelnd auf. „Gut, geben Sie mir einen." Die beiden tauschten Geld und Zeitung aus, und der Verkäufer verabschiedete sich verbeugend und lüftete noch schelmisch seinen Hut. „Vergelt's Gott, servas die Madeln, servas die Buam! Einen schönen Abend noch."

„Tja, da hast du deinen Meister gefunden. Er versteht etwas vom Verkaufen", lachte Amelie. „Was möchtest denn gerne haben? Ich geh mal schnell rein."

Florian überlegte kurz. „Hm, ihr habt doch Oliven und Weißbrot auf der Karte? Darauf hätte ich jetzt so richtig Lust. Und ein Mineralwasser dazu."

Severin rief Amelie nach: „Das ist eine gute Idee, nimm doch bitte für uns gemeinsam eine große Portion mit."

Florian hatte es sich in der Zwischenzeit gemütlich gemacht. „Diese Hartnäckigkeit könnte ich auch manchmal gebrauchen. Ich hatte letzte Woche wieder zwei Kunden, da habe ich mir die Zähne ausgebissen. Ich glaube, dass ich die Flinte ein wenig zu früh ins Korn geworfen habe."

Severin nickte. „Das kann gut sein. Viele Menschen im Verkauf verwechseln Hartnäckigkeit mit Aufdringlichkeit. Sie wollen den Kunden nicht nerven. Das Zünglein an der Waage ist allerdings immer der Kundennutzen. Solange dieser im Vordergrund bleibt, zeigen wir dem Kunden lediglich unser Interesse, so wie dieser Augustin-Verkäufer vorhin. Er hat auf eine freundliche und charmante Weise nachgehakt, weil er bemerkt hat, dass dein Widerstand nicht substanziell war. Grundsätzlich können wir drei Arten von Widerständen unterscheiden: K.O.-Kriterium, Vorwand und Einwand. Ein K.O.-Kriterium ist ein Deal-Stopper. Der Kunde will möglicherweise sogar, aber er kann aus belegbaren, rationalen Gründen nicht. Das findest du in der Praxis sehr selten. Sehr viel häufiger triffst du Vorwände an. Das sind Aussagen des Kunden, die er vorschiebt, weil er dir den wahren

Grund seiner Ablehnung nicht nennen will. Vielleicht will er sich einfach nur die Diskussion sparen oder es ist ihm peinlich, dir den wahren Hintergrund zu nennen. Ein Kunde wird zum Beispiel kaum sagen: ‚Ich kann mir ihr Produkt nicht leisten'. Stattdessen könnte er sagen: ‚Ich will ja, aber leider bin ich vertraglich bei Ihrem Mitbewerber gebunden.' Damit hat er dich los und sein Gesicht gewahrt."

Florian hakte ein: „Hm, dann läge in diesem Fall ja eigentlich ein K.O.-Kriterium vor, richtig?"

Severin schüttelte den Kopf. „Nein, eben nicht unbedingt. Der Kunde denkt vielleicht nur, dass er sich das Produkt nicht leisten kann, weil er die Einsparung nicht miteinkalkuliert. In diesem Fall sprechen wir von einem Einwand. Das ist ein Widerstand, den der Kunde zwar ernst meint, der sich aber durch einen Perspektivenwechsel ändern lässt. Du kennst doch sicher diese Vexierbilder?"

Florian runzelte die Stirn. „Ähm, nein."

Severin griff zu seinem Mobiltelefon, tippte das Wort in die Suchmaschine und zeigte Florian die Trefferbilder. „Das wohl bekannteste ist das Bild mit einer weißen Vase. Wenn du es länger betrachtest, dann springt die Wahrnehmung plötzlich auf zwei Gesichter um. Es ist immer noch das gleiche Bild, lediglich deine Wahrnehmung hat sich geändert. So ist es auch bei Einwänden. Der Kunde behauptet, und glaubt auch, dass es ihm zu teuer ist. Dann stellst du ihm zwei Fragen, und plötzlich ‚sieht' er die Vorteile, die überwiegen."

Florian war fasziniert von den Vexierbildern. „Das ist ein toller Vergleich, Severin. Und wie kann ich das erreichen?"

Severin deutete auf Florians Rucksack. „Nimm dir schon deinen Schreibblock raus, wir starten gleich."

Amelie kam mit einem großen Tablett in den Gastgarten. „So, meine Herren, jetzt wird erstmal gegessen. Ich kann euch ja nicht hungrig arbeiten lassen."

Florian lachte. „Hungrig arbeiten. Severin, das ist ein K.O.-Kriterium."

Dieser antwortete schmunzelnd: „Das halte ich für einen Vorwand, aber ich lasse mich gerne überreden. Die Oliven und das Extra Vergine Öl bekomme ich von einem guten Freund, der in Italien einen Bio-Landbau betreibt."

Zufrieden ließen sie sich den kleinen Snack schmecken, und nachdem Amelie den Tisch sauber gemacht hatte, fuhr Severin fort. „So, ich sehe, du bist bereit. Also, es gibt Hunderte Möglichkeiten, mit Widerständen umzugehen. Ich nenne dir jetzt die erfolgreichsten! Eine entwaffnende Variante ist sicher das *Vorwegnehmen*. Du nennst den Widerstand schon bevor er vom Kunden kommt und kannst ihn gleichzeitig entkräften. ‚Unsere Lösung bedeutet eine höhere Anfangsinvestition, der Vorteil zeigt sich in der langfristigen Nutzung, da sich die Differenz bereits nach einem Jahr Nutzungsdauer rechnet.' Damit nimmst du dem Kunden völlig den Wind aus den Segeln, indem du ihm zeigst: Ich fürchte mich nicht vor dem Widerstand. Selbstredend wendest du diese Variante nur an, wenn du mit dieser Aussage rechnest, wir wollen ja keine schlafenden Hunde wecken. Variante Nummer zwei ist das *Zurückstellen*. Diese eignet sich sehr gut, wenn der Verdacht besteht, dass wir es mit einem Vorwand zu tun haben. Der Klassiker sind hier Preiseinwände. Kommt vom Kunden ‚Das ist mir zu teuer‘, dann kannst du zurückstellen mit der Formulierung: ‚Den Preis bestimmen im Wesentlichen Sie selbst durch die Optionen, die Sie wählen. Ich schlage vor, wir gehen das im Detail durch, damit Sie ein genaues Bild haben.‘ Es kann gut sein, dass der Widerstand im weiteren Verlauf gar nicht mehr vorkommt.“

Florian legte kurz den Stift zur Seite. „Dann war es ein Vorwand, und der Kunde wollte sich vielleicht einfach nicht damit auseinandersetzen, oder?“

Severin stimmte zu. „Genau, das ist möglich. Die nächste Variante ist das *Gegenüberstellen*. Hier wiederholst du den Einwand des Kunden wortwörtlich und stellst dann die Vorteile gegenüber. Du bastelst ihm ein sprachliches Vexierbild. ‚Lieber Kunde, das stimmt. Einerseits ist die vorgeschlagene Lösung aufwendiger, auf der anderen Seite können Sie zukünftig exakter kalkulieren, noch präziser und schneller auf Veränderungen reagieren und verhindern dadurch ärgerliche und möglicherweise teure Verzögerungen. Wie beurteilen Sie das?‘ Wenn du in der Bedarfserhebung seinen wunden Punkt betreffend den ständigen Veränderungen aufmerksam bemerkt hast, dann fehlt wahrscheinlich nicht mehr viel zur Überzeugung. Eine etwas unorthodoxe Variante ist die *Katastrophentechnik*. Du malst dabei das vermeintliche Worst-Case-Szenario an die Wand. Der Kunde sagt zum Beispiel: ‚Wir sind mit unserem derzeitigen Anbieter sehr zufrieden.' Dann kannst du antworten: ‚Herr Kunde, was kann im schlimmsten Fall passieren, wenn Sie uns testen? Sie bekommen die aktuelle und verlässliche Bestätigung, dass Sie die derzeit beste Lösung am Markt haben. Das kann schon einmal nicht schaden. Oder es stellt sich heraus, dass wir vielleicht in einem Teilbereich eine interessante Alternative sind.' Achte unbedingt darauf, dass du in deiner Prognose den Mitbewerber bzw. die derzeitige Lösung nicht schlecht dastehen lässt. Die letzte Variante ist der *Bumerang*. Der Kunde sagt vielleicht: ‚Das kostet mich zu viel Zeit, ein Wechsel führt immer zu einem unüberschaubaren Mehraufwand.' Jetzt nimmst du exakt seinen Widerstand und spielst ihn zurück: ‚Genau deshalb lohnt sich ein zweiter Blick. Die Lösung spart Ihnen zukünftig wertvolle Zeit. Welche Auswirkungen wird es haben, wenn Sie nach der Implementierung wöchentlich vier bis acht Arbeitsstunden sparen?' Das war's fürs Erste. Mit diesen Techniken kannst du allen Varianten von Widerständen begegnen, ungeachtet, wohin es dich führt. Im Endeffekt bleibt es eine akademische Frage, ob wir es mit einem Einwand, einem Vorwand oder einem K.O-Kriterium zu tun haben. Du lässt dich am besten nicht aus der Bahn werfen und gehst auf den Widerstand des Kunden ein. Das Ziel ist, vom Kunden eine Entscheidung zu bekommen."

Florian war beeindruckt. Bisher hatte er Widerstände vom Kunden immer ein wenig persönlich genommen.

Jetzt erst hatte er begriffen, dass diese nur ein Teil des Erkenntnisprozesses waren. „Der Abend hat sich wieder gelohnt, Severin, ich bin begeistert! Vor den Varianten mit Widerständen umzugehen sowieso und nebenbei gesagt auch von dem tollen Olivenöl. Hast du vielleicht eine Flasche für mich zu Hause? Meine Freundin liebt Olivenöl ebenso wie ich."

Amelie deutete auf einen Papiersack neben Severin und Florian: „Das habe ich mir schon gedacht. Du findest eine Flasche Öl und eine Dose Oliven in dem Sack, schöne Grüße von uns beiden." Gemeinsam mit Katharina genehmigte er sich zu Hause noch ein paar Oliven und als er das Öl verstauen wollte, entdeckte er auch den obligatorischen Umschlag ...

Deine Aufgabe zu diesem Coaching:

· *Erstelle basierend auf den beschriebenen Techniken einen Einwandbehandlungskatalog für deine am häufigsten vorkommenden Widerstände.*

· *Finde für jeden Widerstand die passende Herangehensweise.*

15. Abschlusstechnik

Verschlossen, eindeutig. Florian hatte es mehrmals probiert, aber die Tür zum *mavie* ließ sich nicht öffnen. Er sah auch kein Licht, und im Gastgarten fehlten die Sitzpolster. Unschlüssig trat er von einem Bein aufs andere, sah sich um und setzte sich schließlich auf eine der Holzgarnituren. Dann wählte er die Nummer von Amelie, erreichte allerdings nur die Mobilbox. Dann suchte er Severins Nummer. Genau in dem Moment kam dieser um die Ecke und winkte ihm zu.

„Hallo Florian. Es tut mir leid, dass du vor verschlossenen Türen gewartet hast. Amelie musste kurzfristig wegen eines Wasserrohrbruchs oberhalb unserer Wohnung weg, und ich war erst auf dem Weg. Komm rein, wir machen es uns drinnen gemütlich. Heute ist mir der Wind zu kalt, um draußen zu sitzen."

Florian hielt Severin die Tür auf. „Ich habe noch nicht lange gewartet, bin auch eben erst gekommen."

Severin schaltete die Lichter im Lokal ein und bereitete zwei Espressi zu. „Da haben wir schon ein perfektes Coachingthema für heute."

Florian stutzte. „Ach so, und zwar?"

Severin grinste verschmitzt. „Stehst du beim Kunden nicht auch manchmal vor verschlossenen Türen, bildhaft gesprochen?"

Florian lachte. „Klar, öfter als mir lieb ist."

Severin stellte die beiden Kaffeetassen und zwei Gläser Wasser auf einen Tisch neben der Bar.

„Gut, dann werden wir das nun ändern. Zunächst solltest du immer im Hinterkopf haben, ob es schon Zeit für den Abschluss ist. Ist die Beziehung zum Kunden emotional tragfähig? Sind alle wesentlichen Fakten geklärt? Hast du alle wichtigen Bedarfsfragen inklusive Königsfragen und Vorabschlussfragen gestellt? Kennt der Kunde seinen Nutzen? Sind erste Kaufsignale wahrnehmbar?"

Florian fragte nach: „Soweit alles klar, Kaufsignale kenne ich auch. Der Kunde zeigt mir, verbal oder nonverbal, Zustimmung. Er fragt nach Details, lehnt sich zu mir, bestätigt selbst seine Vorteile, will Liefertermine wissen und so weiter. An die Vorabschlussfragen erinnere ich mich auch noch. Die hatten wir damals beim Coaching zum Thema Bedarfserhebung."

Severin nickte und antwortete prompt: „Genau, die Vorabschlussfragen werden noch während der Bedarfserhebung eingestreut. Wir fragen nach Fakten und Kriterien, die einen späteren Abschluss ermöglichen. Der Kunde nennt dir dadurch einerseits die Bedingungen, die du erfüllen musst, damit du den Zuschlag erhältst, und liefert damit andererseits schon in einem frühen Gesprächsstadium den späteren Hebel für den Abschluss. Diese Fragen klingen dann etwa so: ‚Herr Kunde, welche Kriterien muss ein Anbieter erfüllen, damit er für Sie interessant ist? Was müsste ein Produkt können, um Ihr Interesse zu wecken? Unter welchen Voraussetzungen können Sie sich einen zweiten Lieferanten vorstellen?'"

Florian hatte die Fragen gleich notiert.

„Wenn der Kunde in der Bedarfserhebung sagt, was er braucht, um sich zu entscheiden, dann kann ich die

Abschlussphase genauso einleiten: ‚Lieber Kunde, Sie haben gesagt dass ein Wechsel für Sie in Frage kommt, wenn die Stückkosten um mindestens 5 Cent gesenkt werden können. Wir haben nun gemeinsam berechnet, dass wir bei mindestens 5,7 Cent landen werden. Sind wir im Geschäft?‘ Wenn der Kunde vor einer knappen Stunde bereits gesagt hat, dass dies das entscheidende Kriterium ist, dann kann er jetzt nicht mehr nein sagen, oder?"

Florian stimmte zu.

„Genau das ist das Prinzip der Vorabschlussfragen. Du leitest den Abschluss schon zu einem Zeitpunkt ein, wo der Kunde noch gar nicht daran denkt. Zugleich habe ich auch schon die erste Abschlusstechnik genannt. Die *Direkte Frage*. ‚Sind wir im Geschäft, Passt das so für Sie, Wann sollen wir liefern?‘ Warum umständlich, wenn's auch einfach geht? Das ist meine Lieblingstechnik, weil du damit immer den Abschluss einleiten kannst. Stell dir nun einen Kompass vor. Er zeigt dir Norden, Süden, Osten und Westen sowie die Zwischenhimmelsrichtungen. Mit einem Kompass findest du immer den Weg aus einem Labyrinth, weil er dir Klarheit über den Weg verschafft. Das macht auch unser Abschlusstechnikkompass. Den Norden können wir abhaken. Im Süden haben wir den *paradoxen Abschluss*. Du zählst zunächst alles auf, was aus Sicht des Kunden für den Abschluss spricht. ‚Lieber Kunde, X passt, Y passt und Z passt auch.‘ Dann machst du eine kurze dramatische Pause, die dem Kunden erlaubt, dir zuzustimmen. Dann fragst du: ‚Gibt es dann noch irgendetwas, das dagegen spricht?‘

Wenn ihm jetzt nicht sofort etwas einfällt, dann bist du im Geschäft. Im Osten ist der *Einwandhebel*. Damit kannst du nicht trotz, sondern sogar durch Widerstände abschließen. Der Kunde sagt vielleicht: ‚Also, 2 % müssen Sie mir noch entgegenkommen, sonst wird das nichts.' Du antwortest: ‚Lieber Kunde, ich habe das Angebot für Sie scharf kalkuliert. Auf meiner Seite ist keinerlei Spielraum mehr möglich. Angenommen, ich kann meinen Rohstoffeinkaufspreis noch reduzieren, ich kann jetzt nichts versprechen, falls ich das schaffe, sind wir dann im Geschäft?' Jetzt hast du zwei Vorteile: Erstens, der Kunde muss Farbe bekennen, ob er das Geschäft wirklich will oder ob es nur ein Vorwand war. Zweitens hast du eine eindeutige Firewall errichtet. Mehr als 2 % kann er nicht erwarten. Im Westen findest du den *Detail-abschluss*. Kunden haben oft Angst vor großen Entscheidungen. Mache es ihnen leicht und hilf ihnen. ‚Lieber Kunde, mir ist wichtig, dass auch wirklich alles so passt, wie Sie es sich vorstellen. Gehen wir die Details abschließend nochmal durch: Wir machen X so, Y so und Z so, passt das jeweils so für Sie? Sehr gut, dann leite ich das so in die Wege. U, V und W stimmen auch, so wie besprochen, oder? Perfekt, ich habe mir das Lieferdatum 26. Juni notiert. Passt das in Ihren Projektplan? Wunderbar, ich freue mich schon auf die Zusammenarbeit.'"

Severin erhob sich unvermittelt und verschwand hinter der Bar. „Beim *Detailabschluss* fällt mir plötzlich ein wichtiges Detail ein. Ich habe ja Croissants besorgt."

Florian brummte. „Mmm, so macht Abschlusstechnik Coaching Spaß."

Gemeinsam verspeisten sie das duftende Gebäck. Dann setzte Severin fort.

„Im Nordosten findest du den *Alternativabschluss*. Er ist ähnlich simpel, wie die direkte Frage. Die Abwandlung besteht lediglich in der Alternativfrage: ‚Lieber Kunde, dann sind alle Details so weit klar Sollen wir den Auftrag noch im Mai auslösen oder reicht es für Sie im Juni?' Beim *Blick in die Zukunft Abschluss,* der im Südosten liegt, führst du den Kunden in die Zukunft zu einem Zeitpunkt, wo die Kaufentscheidung bereits getroffen wurde, und lässt ihn sozusagen durch die Rückwärtsbrille entscheiden. ‚Lieber Kunde, wann möchten Sie denn spätestens in Ihrem neuen Swimmingpool plantschen?' Wenn der Kunde nun sagt: ‚Sobald es warm ist', dann bestärkst du ihn in seinem Zukunftsbild rational und emotional und antwortest zum Beispiel: ‚Das macht Sinn. Denn ein Leben ohne Pool ist vorstellbar, aber sinnlos, nicht wahr? Abgesehen davon bekommen wir jetzt um diese Jahreszeit noch einen Bagger für den Aushub. Das wird zeitlich sehr eng, ich will Ihnen sehr gerne helfen und alle Hebel in Bewegung setzen. Herr Kunde, was brauchen Sie denn noch, um sich für mein Angebot zu entscheiden?' Wenn dem Kunden jetzt nichts Substanzielles einfällt, dann bist du im Geschäft. Jetzt der Südwesten. Der *Silly Deal*. Frei übersetzt, der verrückte Kauf. Diese Variante wird zwar leider inflationär angewendet, dabei kann sie in einigen Fällen sehr hilfreich sein. Du verwendest diese, wenn Kunden kurz vor dem Abschluss stehen, rational soweit alles zu passen scheint und trotzdem gezögert wird. Jetzt ist es Zeit für den *Silly Deal,* du machst dem Kunden ein kleines Geschenk: ‚Lieber Kunde, ich merke, dass Ihnen die Entscheidung schwerfällt. Ich habe heute früh vor unserem Gespräch eine Information erhalten, die Ihre Entscheidung bedeutend erleichtern könnte. Im nächsten Monat ist kurzfristig noch ein Produktionsslot freigeworden. Weil die Bestellung für Sie schon so dringend ist, habe ich diesen für Sie schon einmal vorsorglich blockiert. Ich brauche lediglich heute noch Ihr OK.‘ Dadurch baust du Entscheidungsdruck auf und kommst dem Kunden entgegen."

Florian nickte: „So wie du das formulierst, gefällt es mir. Ich kenne diese Variante nur so, dass der Verkäufer sagt: ‚Wenn Sie heute noch unterschreiben, kriegen Sie noch 5 % Rabatt.‘ Das finde ich plump."

Severin stimmte zu. „Genau, das finde ich auch. Wie ich schon gesagt habe, die Technik selbst ist sehr clever. Es braucht aber auch einen cleveren Verkäufer dazu. Nun zur letzten Variante im Nordwesten: der *Columbo Abschluss*. Ich empfehle ihn speziell bei Stellvertreter-Situationen, wo Ansprechpersonen dich vertrösten, da sie noch Chef, Chefin, Geschäftspartner und so weiter fragen müssen. Du kennst sicher Inspektor Columbo, wenn er nach seinen Gesprächen nochmal zurückkommt und eine scheinbar belanglose Frage nachsetzt. Er nutzt hier das Phänomen des Kontextbruches. Da das eigentliche Verhör ja schon vorbei ist, sind die Verdächtigen plötzlich weit plauderfreudiger und verraten dann mehr als noch kurz zuvor. Die Verkaufsvariante ist ähnlich. Du legst alles beiseite und schlägst einen entspannten Ton an. ‚Lieber Herr Kunde, eine persönliche Frage ist mir noch wichtig. Hand aufs Herz, wenn Sie die Entscheidung alleine treffen würden, wie würde Ihre Antwort lauten?' Da das Gespräch bis zu diesem Zeitpunkt sehr gut gelaufen ist, wirst du nun eine emotionale Bestätigung bekommen. Dafür bedankst du dich dann nochmals beim Kunden und richtest eine weitere Frage an ihn: ,Sie kennen Ihren Geschäftspartner ja sehr gut. Was brauchen wir noch, damit wir ihn überzeugen können?' Jetzt sitzt ihr schon im selben Boot. Entweder erfährst du jetzt noch wichtige Informationen, mit denen der Geschäftspartner überzeugt werden kann, oder dein Gesprächspartner versichert dir, dass alles, was gebraucht wird, am Tisch liegt. Darauf baust du auf und fügst an: ,Gut, dann melde ich mich gleich am Mittwoch nach Ihrer Besprechung, damit wir die nächsten Schritte besprechen können.' Du implizierst durch diese Aussage, dass du von einem Abschluss ausgehst. Die wesentliche Veränderung ist nun das Commitment und der Gesichtsverlust, der deinem Ansprechpartner droht, falls der Geschäftspartner anders entscheiden würde. Deshalb wird er für dich und deine Lösung wie ein Löwe kämpfen."

Florian hatte bereits vier Blätter seines Schreibblocks vollgeschrieben. „Großartig, da erinnere ich mich spontan an einige Kundenfälle, die ich mit diesen Techniken schon hätte lösen können."

Severin erhob sich. „Das freut mich, du kannst dich gerne revanchieren. Könntest du auf dem Nachhauseweg bei Amelie vorbeifahren und ihr das Handy bringen? Sie hat es wegen ihres überstürzten Aufbruchs hier liegen gelassen. Ich habe ihr noch ein Croissant eingepackt. Das macht den Wasserrohrbruch zwar nicht besser, aber es wird sie freuen."

Florian nahm den Beutel mit dem Croissant und dem Telefon entgegen und verstaute ihn in seinem Rucksack. „Sehr gerne, Severin."

Eine halbe Stunde später lieferte er diesen bei Amelie ab. Sie bedankte sich herzlich und überreichte ihm im Gegenzug grinsend einen pergamentfarbenen Umschlag.

„Du weißt ja, was damit zu tun ist. Ich muss mich wieder um die Handwerker kümmern. Hier steht noch die halbe Wohnung unter Wasser. Adieu Florian."

Deine Aufgabe zu diesem Coaching:

- *Notiere dir Gesprächssituationen, in denen eine Abschlusstechnik für den weiteren Fortschritt notwendig ist.*
- *Finde passend zu den Situationen geeignete Abschlusstechniken und Formulierungen in deinen Worten.*

16. Pricing

Florian spazierte entspannt durch die Gassen des ersten Bezirks und bewunderte die beeindruckende Architektur der Gründerzeit. Er stellte sich vor, wie das Leben in dieser Epoche wohl gewesen sein musste. Ebenso faszinierten ihn die luxuriösen Auslagen der vielen Nobelboutiquen. Die Preise der angebotenen Uhren und Juwelen waren astronomisch. Diese Welt des Luxus war für ihn gedanklich ebenso weit entfernt und schwer vorstellbar wie das Leben in vergangenen Epochen. Grübelnd steuerte er auf das *mavie* zu.

„Wie kann man sich nur eine Uhr für 30.000 Euro kaufen? Die zeigt doch die Zeit genauso an wie eine billige Uhr?", fragte er Severin, als er ihm von seinem Spaziergang erzählte.

Severin bereitete zwei Gläser Holunderlimonade zu, und antwortete dann: „Für dieses Phänomen gibt es sogar eine psychologische Bezeichnung. Sie ist nach dem amerikanischen Ökonomen Thorstein Veblen benannt. Man spricht vom sogenannten ‚Veblen Effekt' wenn die Kaufbereitschaft bei steigendem Preis nicht wie angenommen abnimmt, sondern stattdessen sogar ansteigt. Die Güter werden dann nicht mehr trotz des hohen Preises, sondern wegen des hohen Preises gekauft. Die Botschaft an die Umgebung lautet dann: ‚Seht her, ich kann es mir leisten, unverschämt viel Geld für ein Produkt auszugeben, dessen objektiver Nutzen nicht höher ist als der eines billigeren.' Damit sind wir bei einer der wichtigsten Definitionen von Luxus."

Florian schüttelte den Kopf. „Verrückt ist das schon. Das widerspricht doch jeder Logik."

Severin fuhr fort. „Ob wir das als verrückt werten, darüber lässt sich diskutieren, doch dass es nicht logisch ist, das ist wissenschaftlich bewiesen. In der Wirtschaftswissenschaft existiert der theoretische Begriff des Homo oeconomicus, eines rational und logisch denkenden und handelnden Menschen. Die klare Erkenntnis aus vielen Studien lautet, dass wir Menschen in unseren Entscheidungen, einschließlich der Bewertung von Preisen, unlogisch und irrational handeln."

Florian nahm einen Schluck von seiner Limonade. „Das bedeutet, die Preiswahrnehmung meines Kunden ist gar nicht so sehr in Stein gemeißelt, wie ich das bisher gedacht habe?"

Severin nickte. „Korrekt. Wenn du einige wichtige Punkte beachtest, machst du deinem Kunden und in weiterer Folge auch dir das Leben leichter. *1. Zeitpunkt der Preisnennung*: Bevor du deinen Preis nennst, baue mit dem Kunden gemeinsam eine tragfähige Wertvorstellung auf. Schon Wilhelm Busch hat gesagt: ‚Bei genauerer Betrachtung steigt beim Preis die Achtung!' Sollte dein Kunde entgegen deiner Strategie schon vorher nach dem Preis fragen, dann stelle die Frage zurück. Du kannst zum Beispiel sagen: ‚Lieber Kunde, den Preis bestimmen im Wesentlichen Sie selbst durch die Optionen, die Sie wählen. Ich schlage vor, wir gehen das gemeinsam durch, dann kann ich Ihnen auf den Cent genau sagen, was Sie investieren ' *2. Preisnennung*: Verpacke den Preis, den du dem Kunden nennst, attraktiv und überzeugend. Das erreichst du, indem du zunächst die in deinem Paket enthaltenen Elemente nennst, gefolgt vom Preis und zuletzt eingebettet in den individuellen Kundennutzen. Die Psychologie kennt den sogenannten Primacy-Recency-Effekt. Dieser besagt, dass Informationen zu Beginn und zum Schluss am besten wahrgenommen werden. Der Kunde erinnert sich also am besten daran, *was* er bekommt und welchen *Nutzen* er davon hat. *3. Kleine Portionen*: Brich den Gesamtpreis auf kleine, leichter bekömmliche Portionen herunter. In der Autobranche kannst du beispielsweise den Kaufpreis in Form des monatlichen und sogar täglichen Leasingentgeltes nennen. Statt 35.000 Euro zu bezahlen, bekomme ich das Fahrzeug plötzlich für läppische zehn Euro pro Tag.

Florian notierte die Tipps seines Mentors in sein Notizbuch. „Wenn das so weitergeht, dann muss ich ja gar keinen Rabatt mehr geben."

Severin lachte.

„Tja, das klingt verlockend, wird sich aber nicht immer durchsetzen lassen. Sprechen wir über *4. Rabattstrategie*: Grundsätzlich ist es natürlich erstrebenswert, möglichst gar keinen Rabatt zu gewähren. In der Realität gibt es allerdings Branchen, in denen ein gewisses ‚Entgegenkommen' zum guten Ton dazugehört. Hier ist es zunächst wichtig, dass niemals Rabatt ohne Gegenleistung gegeben wird. Der Kunde bekommt Rabatt, doch im Gegenzug erzielen wir ein längeres Lieferzeitfenster, ein kürzeres Zahlungsziel oder die Verkürzung der freiwilligen Garantiezeit. Wichtig bei diesen Maßnahmen ist neben der finanziellen Komponente die darin enthaltene Symbolik. Der Kunde bekommt den Rabatt nicht ‚geschenkt'. *5. Unkonventionelle Zahlen*: Klassisch wird im Verkauf mit Rabattstufen von 5 %, 10 %, 15 % gearbeitet. Sowohl verhandlungstaktisch als auch unternehmerisch empfehle ich dir, auf unkonventionelle Rabatteinheiten zurückzugreifen. 2,4 % Rabatt wirkt seriöser kalkuliert als 5 % und ist somit überzeugender zu verkaufen als die klassische Variante. Zugleich bleibt noch Spielraum in der Nachverhandlung. Am Ende landest du dann vielleicht bei 2,9 %. *6. Umgang mit ‚zu teuer'* in allen Varianten. Die gute Nachricht ist: Fast jedes Verkaufsgespräch landet früher oder später beim Preiseinwand. Erstelle dir eine Top 10 Liste mit deinen Lieblingsreaktionen. Sobald der Kunde das Thema anspricht, brauchst du dir nur mehr auszusuchen, welche Variante du verwendest. Das führt uns direkt zu Punkt *7. Vorbereitung*: Überlasse in der Preisdiskussion nichts dem Zufall. Es gibt kaum ein Verkaufsgespräch, in dem der Preis nicht früher oder später zum Thema wird. Bereite dich unbedingt darauf vor, dann wirst du souveräner und überzeugender argumentieren können."

Florian hatte in den letzten paar Minuten richtig Lust auf die nächste Preisdiskussion bekommen. Mit diesen Informationen fühlte er sich schon bedeutend sicherer. „Meine Verkaufsumsätze konnte ich durch unser Coaching schon deutlich steigern. Ich bin überzeugt, dass ich nun auch die Deckungsbeiträge erhöhen kann."

Severin nickte.

„Da bin ich mir sogar sehr sicher. Ach ja, weil wir Wilhelm Busch zitiert haben. Ich habe hier im Bücherregal noch eine Ausgabe von Wilhelm Buschs gesammelten Werken. Vielleicht findest du darin ja das Zitat, das ich vorhin erwähnt habe."

Florian verstaute das Buch in seinem Rucksack und begab sich auf den Heimweg. Zu Hause blätterte er noch ein wenig in der Werksammlung und fand natürlich auch den pergamentfarbenen Umschlag.

Deine Aufgabe zu diesem Coaching:

- *Überlege dir anhand der erarbeiteten Punkte, wie du zukünftig deine Preise wertiger präsentieren und verkaufen kannst.*

- *Finde aus diesen Beispielen Varianten, die du bei „zu teuer" deines Kunden verwenden kannst. Welche kannst du abwandeln? Welche fallen dir noch zusätzlich ein?*

  1. *Wir können über alles reden, nur nicht über den Preis?*

  2. *Verstehe, Sie finden den Preis höher als erwartet, darf ich fragen – wie gefällt Ihnen (XY) Nutzen?*

  3. *Stimmt – wir haben auch tatsächlich die bessere Qualität!*

  4. *Was meinen Sie damit? Um wieviel? Im Vergleich mit wem/womit?*

  5. *Wo genau sind die Unterschiede abgesehen vom Preis?*

  6. *Wo genau ist Ihre Schmerzgrenze?*

7. *Gibt es außer dem Preis noch einen Punkt, den wir klären sollten?*

8. *Das kann ich verstehen, dass Sie so denken. Meine zufriedenen Kunden haben früher auch so gedacht!*

9. *Kein Problem, was sollen wir weglassen?*

10. *Wieviel werden Sie sich dadurch ersparen?*

11. *Was kann ich noch dazugeben? (Naturalrabatt)*

12. *Warum glauben Sie, kaufen es viele meiner Kunden trotzdem?*

13. *Worauf werden Sie verzichten, wenn Sie sich für etwas Billigeres entscheiden?*

14. *Genau deshalb sollten Sie es sich gönnen! (Veblen Effekt)*

15. *Heißt das, wenn wir im Preis zusammenkommen, sind wir im Geschäft?*

16. *Wo (außer am Preis) kann ich am Angebot noch etwas verändern, damit Sie zusagen?*

17. *Sie haben recht, es wird immer billigere geben.*

18. *Und bedeutet das jetzt, dass Sie nicht kaufen werden?*

19. *Unsere Mitbewerber würden auch gerne so viel verlangen, aber sie können es sich nicht leisten.*

20. *Und trotzdem ist es weniger, als Sie im Moment für (XY) ausgeben!*

17. Checklisten

Florian saß in der U1 und war auf dem Weg zu seinem wöchentlichen Coaching ins *mavie*. Er hatte sein Auto noch vor seinem geplanten Urlaub mit seiner Freundin Katharina zum Service gebracht, um es für die Tour noch einmal durchchecken zu lassen. Die Strecke nach Rovinj in Kroatien war zwar von Wien aus mit rund sechs bis sieben Stunden nur halb so wild. Aber „sicher ist sicher" hatte Katharina darauf bestanden. Nun genoss er die staufreie Anfahrt zu seinem Coaching und begrüßte wenig später auch schon seinen Freund und Mentor Severin, der es sich im Gastgarten mit einem Buch gemütlich gemacht hatte.

„Na, mein Freund, ich bin schon neugierig, wie deine letzte Preisverhandlung gelaufen ist", erkundigte Severin sich.

„Eine Woche vor meinem Urlaub hättest du mir kein passenderes Geschenk machen können, Severin. Die Verhandlung lief sensationell. Mein Chef war dabei, und er war völlig fassungslos, wie gut es mir gelungen ist, die anfänglich überzogenen Forderungen des Kunden abzuschmettern. Am Ende konnte ich ein für beide Seiten gelungenes Konzept in trockene Tücher bringen."

Severin war stolz auf den jungen Verkäufer.

„Setz dich und nimm einen Schluck Ingwerlimonade. Ich gebe zu, der Geschmack ist gewöhnungsbedürftig, aber Amelie ist ganz stolz auf ihre Kreation.

Worauf genau führst du den Erfolg bei der Preisverhandlung zurück?"

Florian kostete einen Schluck und überlegte konzentriert.

„Tatsächlich ein sehr spezieller Geschmack. Worauf ich den Erfolg zurückführe? Also, ich würde sagen, auf die akribische Vorbereitung. Insbesondere die Tatsache, dass ich wirklich für alle Eventualitäten gerüstet war. Ich habe mir alle Punkte vom letzten Coaching durchgesehen und abgearbeitet."

Severin stellte sein Glas ab.

„Du hast den Segen eines sehr wichtigen Werkzeugs für dich entdeckt! Gemeint sind damit Checklisten. Piloten verwenden sie für jeden wichtigen Ablauf. Die Verwendung der Checklisten beginnt schon vor dem Anlassen der Triebwerke. Außencheck, Innencheck. Check vor dem Rollen, vor dem Start, nach dem Start und so weiter. Piloten lieben Checklisten, denn Piloten lieben ihr Leben. Damit wir uns richtig verstehen: Es geht nicht um Bürokratisierung von Banalitäten. Es geht darum, menschlichem Versagen entgegenzuwirken! Es gibt ein sehr bekanntes Lehrvideo von zwei Piloten, die sich im Landeanflug auf einen schwierigen Gebirgsflugplatz befinden. Aufgrund der speziellen Topografie ist ein Durchstarten nach einem Fehlanflug nicht möglich. Sie haben also nur eine Chance, das Flugzeug sicher aufzusetzen. Dummerweise haben sie die Checkliste für die Landekonfiguration nicht wie vorgesehen schon rechtzeitig vor dem Endanflug abgearbeitet, und stressbedingt erledigen sie die letzten Handgriffe daher mehr oder weniger chaotisch. Das Video zeigt die beiden hochkonzentriert im finalen Anflug, wie sie voll fokussiert auf die nahende Landepiste den lauten akustischen Warnton ‚Gear up! Gear up!' und die Warnlampe für das noch eingezogene Fahrwerk einfach nicht wahrnehmen. Das Video endet mit einer Bauchlandung und einem zerstörten Propeller. Glücklicherweise überleben die beiden völlig unverletzt. Angehende Piloten lernen hier: Regel Nummer Eins: Verwende die Checkliste, damit du nicht in Stress kommst. Regel Nummer Zwei: Wenn du in Stress kommst, verwende die Checkliste. Kein Pilot kommt auf die Idee zu sagen: ‚Ich pfeife auf die Checklisten, ich fliege ja nun schon seit 20 Jahren, was soll schon passieren?' Im Flugzeug kann ein einziger vergessener Handgriff den Absturz bedeuten und Leben kosten. Im Verkauf kostet es dich vielleicht nur einen Kunden, doch schade ist es trotzdem. Darum lieben auch Spitzenverkäufer Checklisten. Du hast dir bereits für die Vorbereitung von Kundengesprächen und Verhandlungen eine Checkliste erstellt. Je nachdem, in welcher Branche Verkäufer unterwegs sind, kann auch noch eine Packliste für den Musterkoffer oder das Auto dazukommen. Wenn das Produkt komplex oder die Abläufe fehleranfällig sind, dann kann auch eine Checkliste für die Auftragsverfolgung sinnvoll sein. Verkäufer, die behaupten, sie hätten keine Zeit für die Bearbeitung von Checklisten, haben sicher recht. Denn sie sind mit hoher Wahrscheinlichkeit dauernd damit beschäftigt, Fehler auszubügeln, die sie aufgrund der Nichtverwendung der Checkliste begangen haben. Ich war einmal mit einem Außendienstmitarbeiter in der

Getränkebranche unterwegs. Vor dem Abfahren hat er noch das Auto bestückt, und dann brausten wir los. An diesem Tag haben ihn zwei große Getränkegroßhändler nach Werbematerial für seine Produkte gefragt. Genau das hatte er beim Laden allerdings vergessen. Das war doppelt unangenehm. Erstens wirkte es unprofessionell, zweitens musste er am nächsten Tag nochmals dorthin fahren."

Florian tippte sich an die Stirn. „Anfängerfehler."

Severin widersprach jedoch.

„Ich mache einen letzten Ausflug in die Fliegerei. Es gibt umfangreiche psychologische Untersuchungen über Flugunfälle. Die Statistik zeigt deutlich und unwiderlegbar: Gleich zu Beginn ist die Unfallquote recht hoch, da die Piloten aus Unerfahrenheit Fehler begehen. Dann beginnt sich die Kurve abzuflachen, denn die Routine macht die Piloten sicherer. Dann schlägt jedoch eine menschliche Schwäche durch: Selbstüberschätzung. Mit zunehmender Erfahrung machen die Menschen plötzlich wieder Anfängerfehler und zwar nicht aus Unerfahrenheit, sondern aufgrund von Unachtsamkeit! Im Verkauf sehe ich oft dieselbe Entwicklung. Langjährige Verkäufer begehen Fehler, die selbst Grünschnäbel nicht passieren würden. Aber genug damit. Ich schlage vor, wir machen heute einmal früher Schluss, und du beginnst einmal mit der Checkliste für deinen Urlaub. Wohin geht's denn eigentlich?"

Florian begann zu schwärmen: „Nach Rovinj in Kroatien! Katharina und ich lieben diesen Ort. Die Architektur, die mich an Venedig erinnert, das Meer, das Essen."

Severin blickte verträumt. „Ja, Rovinj ist eine Reise wert! Schöne Grüße an Nikola, er betreibt eine kleine Strandbar in Rovinj. Vielleicht magst du dort ja einmal vorbeischauen. Da wünsche ich dir auf jeden Fall einen schönen Aufenthalt. Lasst es euch gutgehen. Du hast es dir wirklich verdient."

Florian wanderte zur nächsten U-Bahnstation und löste am Automaten einen Fahrschein. Als er in den Schacht griff, um die Karte zu entnehmen, ertastete er etwas weit Größeres. Es war der pergamentfarbene Umschlag ...

Deine Aufgabe zu diesem Coaching:

* *Erstelle für deine erfolgsrelevanten Abläufe eine Checkliste, die dir hilft, alle wichtigen Details zu überblicken*

18. Nein sagen

Sanft rauschte der Wind durch den Pinienwald des Punta Corrente, einem halbinselförmigen Naturpark im Süden von Rovinj. Der Park, auch „Goldenes Kap" genannt, bietet mit seinen vielen kleinen Felsnischen und Buchten einen angenehmen Kontrast zu überfüllten Sandstränden. Florian hatte es sich mit seiner Freundin Katharina im Schatten einer mächtigen Pinie auf einem Felsen gemütlich gemacht, und beide waren in ihre Bücher vertieft. Mit direktem Blick auf die brandenden Wellen und den ruhig dahingleitenden Segelbooten war dies der optimale Ort für Erholung und Entspannung. Katharina legte ihr Buch beiseite.

„Lass uns noch einmal ins Wasser gehen und dann Mittagessen. Ich bekomme langsam Hunger. Was meinst du?"

Florian blickte von seinem Buch auf. „Ja, gleich. Ich lese noch schnell das Kapitel fertig."

Katharina nahm sich die Luftmatratze und kletterte den Felsen zum Wasser hinunter. Florian warf noch schnell einen Blick auf sein Handy, das er vorsorglich stumm geschalten hatte. Auf dem Display las er eine SMS-Nachricht von Dr. Manfred Schüller, einem seiner besten Kunden: „Bitte um Rückruf bezüglich unserer geplanten Produktumstellung. MfG, Schüller." Florian überlegte kurz und kam zu dem Schluss, dass es wohl am besten wäre gleich zurückzurufen. Damit er sich gleich Notizen machen konnte, wollte er nur noch schnell sein

Headset aus dem Rucksack suchen. Als er diesen durchwühlte, ergriff er ein großes weißes A4-Kuvert. Er zog es verwundert heraus und las darauf die Adresse des Hotels, in dem er und Katharina nächtigten. Neugierig öffnete er es und fand zwei handgeschriebene Seiten und einen pergamentfarbenen Umschlag. Er begann zu lesen.

„Lieber Florian. Ich hoffe, ihr genießt euren Aufenthalt in Rovinj. Obwohl wir unser Coaching ausgesetzt haben, ist es mir doch ein Anliegen, dir ein paar Zeilen betreffend eines der wichtigsten Worte im Verkauf, wohl aber auch in deinem Leben zu schreiben. Das Wort, das ich meine, lautet „Nein", und damit ist nicht das „Nein" des Kunden gemeint, sondern ein wohlüberlegtes, wohldosiertes oder deutliches „Nein" von deiner Seite. Wie vielen Kunden könnten wir Enttäuschungen und Ärger ersparen? Wie viele Menschen im Verkauf wären weniger überfordert und frustriert? Ich spreche von all jenen Situationen, die schon vorhersehbar Schwierigkeiten erkennen lassen. Statt allerdings beherzt eine kurze Irritation des Kunden zu riskieren, wird versprochen, gelogen, gepokert, gehofft ... Wie oft warst du schon in der Situation, wo du schon wusstest, dass aufgrund deiner vorschnellen Zusage der Innendienst, die Produktion, die Logistik schwer ins Schwitzen geraten würden? Manchmal, wenn viel Glück und guter Wille von allen Beteiligten im Spiel ist, klappt's ja auch. Aber noch viel öfter geht's schief. Dann sind Reklamationen und verärgerte Kunden die Folge. Meine Empfehlung und Devise lautet daher: weniger versprechen, mehr halten. Schenke dem Kunden reinen Wein ein und sage, was unter realistischen Maßstäben möglich ist. Wenn es doch besser klappt als erwartet, dann umso besser. Lösungsorientierte Kommunikation bedeutet nicht, immer alles möglich zu machen, sondern machbare und sinnvolle Lösungen anzubieten. Kunden entscheiden sich im Vorfeld lieber für realistische Alternativen, als später vor vollendete unangenehme Tatsachen gestellt zu werden. Und dabei ist ein hart ausgesprochenes Nein oftmals gar nicht möglich. Du kannst zum Beispiel sagen: ‚Ich biete Ihnen stattdessen XY an, weil dadurch für Sie (Beispiel)Nutzen entsteht.' Du kannst das Nein auch schon ankündigen im Sinne von: ‚Dieses Mal kann ich das noch so machen, beim nächsten Mal stehen folgende Optionen zur Wahl. Wie sollen wir dann vorgehen?' Du kannst statt dem Nein auch ein Tauschgeschäft anbieten: ‚Kann ich machen, unter der Voraussetzung XY.' Manchmal wird auch eine sachlich-rationale Begründung für das Nein vorliegen. Dann lautet die Antwort: ‚Ich schlage Ihnen folgende (Alternativ) Lösung vor, weil XY Situation vorliegt.' Du siehst also, es gibt viele verschiedene Varianten, nein zu sagen, ohne den Kunden damit vor den Kopf zu stoßen. Unter Kollegen kannst du noch hinterfragen welche Auswirkungen dein Nein haben würde: ‚Hm, ich checke das gleich einmal. Was ist deine Alternative, wenn ich es nicht schaffe?' Oder du verschiebst die Lösung in die Zukunft und sagst: ‚Jetzt gerade kann ich das nicht machen, später gerne.' Oftmals sucht sich der Kollege dann ein anderes Opfer. Damit wir uns richtig verstehen: Es geht hier nicht darum, dass du dich zum unfreundlichen, Kunden und Kollegen vergraulenden Soziopathen entwickelst, sondern um die Verhinderung von absehbarer Enttäuschung oder Überforderung. Du wirst überrascht sein, wie dankbar die meisten Gesprächspartner sind, wenn man ihnen reinen Wein einschenkt. Am Ende geht es aber vor allem um deine persönliche Psychohygiene. Du wirst bemerken, dass du viel leistungsfähiger wirst, da in deinem Hinterkopf nicht ständig die bösen Geister aller unerledigter Versprechen herumspuken. Jene Gedanken, die dich nicht zur Ruhe kommen lassen, dir den Schlaf rauben und die immer in Begleitung von schlechtem Gewissen und Sorgen einhergehen. Nebenbei entwickelst du dich zu jemandem, dessen Ruf ihm als professionell und verlässlich vorauseilt. Also, lieber Florian, genieße deinen Urlaub. Vielleicht ergibt sich ja die Gelegenheit für das eine oder andere beherzte Nein. Dein Severin."

Florian legte den Brief zur Seite. An Zufälle glaubte er bei Severin schon lange nicht mehr. Er nahm sein Mobiltelefon zur Hand, rief die SMS von Dr. Schüller auf und tippte seine Antwort: ‚Lieber Herr Dr. Schüller, ich bin derzeit in Urlaub. Sehr gerne können wir ab dem 8. Juli telefonieren. In der Zwischenzeit steht Ihnen mein Kollege Clemens Neubauer mit der Durchwahl 18 für alle Fragen zur Verfügung. Beste Grüße, Florian Schuster.'"

Noch während er überlegte, ob es klug gewesen war, seinen besten Kunden so vor den Kopf zu stoßen, klingelte der SMS-Ton seines Telefons. ‚Lieber Herr Schuster. Verzeihung, das wusste ich nicht. Lassen Sie uns telefonieren, wenn Sie wieder zurück sind. Erholen Sie sich gut. MfG Schüller.'"

Als Florian das gelesen hatte fiel ihm ein Stein vom Herzen. Er packte den Brief von Severin in den Rucksack und schaltete sein Handy komplett ab. Seine Mobilbox sowie den Mail-Autoresponder hatte er ja vorsorglich schon letzte Woche mit einer Urlaubsnachricht versehen. Glücklich und erleichtert kletterte er auf den Felsen zum Wasser und sprang kopfüber ins kühle Nass.

„Wer zuletzt bei der Boje ankommt, zahlt das Mittagessen", rief er seiner Freundin lachend zu.

Deine Aufgabe zu diesem Coaching:

- *Bei welchen Situationen solltest du zu deinem Wohl oder zum Wohl des Kunden besser nein sagen?*

- *Welche Varianten, nein zu sagen, passen zu den Situationen, die dir einfallen, am besten?*

19. Energie tanken

Florian spazierte über die Halbinsel zwischen den duftenden Pinien und den mächtigen Felsen in Richtung seiner Lieblingsbar. Diese lag malerisch an einer kleinen Bucht und war spartanisch, aber liebevoll ausgestattet. Die Gäste saßen auf Baumstämmen oder in quietschenden Liegestühlen. Dass der Inhaber der Bar dann auch noch zufällig der Freund von Severin war wunderte Florian keineswegs mehr. Während seine Freundin sich für ein Mittagsschläfchen entschieden hatte, wollte er im „punta cafe" eine Tasse Kaffee genießen. Nikola, der Besitzer der Bar, zelebrierte ein ebenso liebevolles Verhältnis zu seiner Kaffeemaschine wie Amelie, was Florian schmunzeln ließ. Der Espresso schmeckte herrlich kräftig. Das war genau das Richtige nach dem heutigen deftigen Mittagessen. Florian nahm in einem der Liegestühle mit Blick auf die Bucht Platz.

„Ciao Nikola. Un espresso doppio per favore." Ob es daran lag, dass Rovinj bis knapp vor dem Jahr 1800 noch zur Republik Venedig gehörte oder am heutigen Tourismus, wusste Florian nicht so genau. Aber er fand es irgendwie erfrischend, dass viele Einheimische in einer Mischung aus kroatisch und italienisch sprachen. Eine Urlaubswoche war nun schon vergangen, und die Erholung war bereits deutlich spürbar. Nikola stellte den Espresso mit einem Lächeln ab und verschwand wieder, um neue Gäste zu begrüßen. Florian blickte entspannt auf die Bucht und die hereinrollenden Wellen. Als er gedankenverloren die Getränkekarte zur Hand nahm, fiel ein Umschlag in den sandigen Boden. Hatte Nikola ihn vorhin in der Karte versteckt? Neugierig nahm er den Umschlag und öffnete ihn. Darin entdeckte er die gleiche Handschrift wie aus dem Brief von letzter Woche.

„Lieber Florian. Du bist nun schon in der dritten Urlaubswoche, und ganz sicher genießt du den Aufenthalt an diesem wundervollen Ort. Obwohl für dauerhaften, überdurchschnittlichen Erfolg unerlässlich, wirst du den Faktor Erholung in keinem Verkaufsratgeber finden. Wie viele ebenso wichtige Grundlagen lässt sich Erholung schwer messen und wird daher gerne unterschätzt. Doch Menschen im Verkauf sind Energielieferanten. Unser Ziel ist es, das Energielevel unserer Kunden zu erhöhen. Im Idealfall fühlt sich der Kunde nach einem Gespräch mit uns besser als vorher und zwar unabhängig davon, ob wir ihm schon etwas verkauft haben oder nicht. Wer allerdings ständig Energie gibt, der braucht auch Möglichkeiten, um Kraft zu tanken. Dazu kann man, wie du eben, im „punta cafe" sitzen, die Bucht und das Meer beobachten, dabei entspannen und so die Batterien aufladen. Wer aber immer nur im Urlaub zwei- oder dreimal im Jahr Energie tankt, der wird früher oder später ausgepowert sein. Am besten suchst du dir täglich Situationen und Rituale, die dir guttun. Manche Menschen meditieren, andere betreiben progressive Muskelentspannung, autogenes Training oder Selbsthypnose. Sämtliche genannten Techniken sind leicht und schnell zu erlernen. Oft reichen aber auch persönliche Rituale wie Musikhören oder einfach nur ein paar Minuten still zu sitzen und die Geräusche der Natur auf sich wirken zu lassen. In Japan gibt es sogar einen Namen dafür: Shinrin Yoku. Zu deutsch: Waldbaden. Forschungen haben bestätigt, dass ein einfacher Spaziergang im Wald den Stressabbau fördert, der Burnout-Prävention dient, das Immunsystem stärkt, die Genesung unterstützt und die Konzentration sowie Schlafqualität verbessert. All diese Varianten und Formen des Mikrourlaubs schaffen eine kleine Insel der Erholung im täglichen Alltag und sind mindestens ebenso wichtig für deinen Erfolg wie die strategische Vorbereitung schwieriger Gespräche oder die akribische Pflege der Kundendaten. Wer andere begeistern will, muss selbst brennen. Und den Brennstoff dazu, den erzeugst du in deinen Erholungsphasen. Finde deine Energietankstellen, deine Gelegenheiten für Mikrourlaub, deine Brennstofflieferanten. Wenn du regelmäßig daran denkst, dann reichen wenige Minuten täglich. Eine Quelle dafür kannst du jetzt gleich anzapfen. Mache dir die Eindrücke, die im Moment auf dich einwirken, gegenwärtig. Nimm all die visuellen Eindrücke wahr, die Bucht, die Segelschiffe, die Wellen, die Sonne, die Bäume um dich. Höre die Geräusche des Windes, der Brandung, der Möwen. Spüre die Wärme der Sonne auf deiner Haut und das Kitzeln des Sandes zwischen deinen Zehen. Schmecke den Kaffee und rieche den salzigen Geruch in der Luft. Spüre diese Eindrücke in aller Deutlichkeit und speichere sie dann in deiner Erinnerung ab. Du kannst dir auch als Anker einen kleinen Talisman in Form eines Steins oder einer Muschel mitnehmen. Immer dann, wenn du im Alltag wieder Energie und Kraft tanken möchtest, kannst du dir ein paar Minuten Auszeit nehmen. Schalte dein Telefon auf stumm und gönne dir ein wenig Ruhe und Intimität. Dann rufst du mithilfe des Talismans die Erinnerung wieder wach. Was siehst du, was hörst du, was spürst du, was schmeckst du, was riechst du? Du wirst sehen, wie schnell du damit deine Batterien wieder auflädst. Merke dir: Erholung und Kraft tanken ist kein Luxus, sondern die Pflicht eines jeden Verkaufsprofis. Als Coach und Mentor sage ich ganz klar: Genieße deinen Urlaub."

Florian musste grinsen. Severin hatte unter den Text noch eine lachende Sonne gemalt. Er freute sich schon sehr auf ein Wiedersehen mit seinem Coach. Bis dahin nahm er allerdings den erteilten Auftrag sehr ernst. Er bestellte noch zwei Flaschen gekühlte Limonade, zwinkerte Nikola für den scheinbar von ihm deponierten Umschlag verschwörerisch zu und wanderte zurück zu Katharina.

Deine Aufgabe zu diesem Coaching:

- *Finde deine Varianten für Mikro-Urlaub.*
- *Speichere kraftvolle Momente bewusst ab, um diese bei Bedarf abrufen zu können.*

20. Reklamationsmanagement

„Treffen heute um 19 Uhr im ‚Café Central', LG Severin",
las Florian auf dem Display seines Mobiltelefons. Schade,
er hatte sich schon darauf gefreut, Amelie und Severin
im gemütlichen Gastgarten vor dem *ma vie* von seinem
Urlaub zu erzählen. Das Lokal seines Mentors lag abseits
des Haupttouristenstroms in einer Seitengasse des ersten Bezirks. Das Gegenteil war beim „Café Central" der
Fall. Schon von Weitem erblickte Florian die Menschen-
schlange, die sich vor dem Eingang des „Café Central"
gebildet hatte. Gleich daneben lehnte Severin an der Fassade und telefonierte. Lächelnd winkte er Florian zu und
deutete auf sein Handy am Ohr. Florian formte mit Daumen und Zeigefinger ein OK-Zeichen und betrachtete
unterdessen staunend das Gebäude und die davor wartenden Menschen. Das Palais Ferstl, welches das „Café
Central" beherbergt, ist ein prachtvoller Bau im venezia-
nischen Stil, der um 1860 fertiggestellt wurde und ganz-
jährig Ströme von Touristen anlockt. So waren es auch
hauptsächlich Touristengrüppchen und Paare, die geduldig auf einen freien Platz warteten. Sein Mentor hatte das
Gespräch beendet und begrüßte ihn nun freundlich.

Florian erwiderte den Gruß. „Hallo Severin. Im *ma vie*
wäre es aber ruhiger gewesen."

„Zu ruhig, würde ich behaupten. Wir hatten letzte
Woche einen Kabelbrand, und die Einrichtung ist ziemlich in Mitleidenschaft gezogen. Ein Teil muss saniert
und erneuert werden", schilderte Severin.

Florian schlug die Hände vor der Brust zusammen. „Ach du meine Güte! Da kannst du hier so ruhig stehen? Das ist ja eine Katastrophe."

„Katastrophen sehen anders aus, Florian. Es ist niemandem etwas passiert. Der Schaden ist durch die Versicherung gedeckt und bald wird alles wie neu sein. Lass uns reingehen."

Am Eingang des Lokals wachte ein würdevoller Kellner im Frack penibel über die Tischbelegung und lotste die Gäste zu ihren Plätzen. Severin ging an den wartenden Menschen vorbei Richtung Eingang. Der Kellner grüßte freundlich und deutete den beiden, weiterzukommen.

„Grüße Sie, Herr König. Tisch 14 habe ich für Sie, wie immer. Passt das?"

Severin schüttelte dem Kellner die Hand. „Perfekt, danke Herr Rudolf."

Florian hörte die wartenden Menschen hinter ihnen vielsprachig fluchen und zog instinktiv den Kopf ein. Zugleich blieb ihm der Mund offen stehen beim Anblick der Innenarchitektur. Hohe Gewölbe wurden von mächtigen Säulen getragen, und die gesamte Einrichtung atmete Geschichte. Das erklärte auch, weshalb so viele Menschen draußen auf Einlass warteten. Dieses Kaffeehaus musste man einfach gesehen haben. Ganz abgesehen von der Architektur, lockte eine wuchtige Vitrine mit liebevoll verzierten Süßigkeiten und Torten.

„Hast du denn gar kein schlechtes Gewissen, dass wir uns da jetzt vorbeigeschummelt haben, Severin? Die Leute waren ziemlich sauer auf uns!"

Dieser schmunzelte. „Das müssten sie nicht sein. Ausnahmsweise hat es diesmal nichts mit meinen Beziehungen zu tun. Hier kann außer sonn- und feiertags jeder einen Tisch reservieren und sich damit das Warten ersparen. Ich denke, das wird Rudolf den Leuten auch klargemacht haben, denn es herrscht schon wieder Ruhe draußen."

Florian blickte zum Eingang, wo tatsächlich wieder Ruhe eingekehrt war. „Na, da bin ich ja froh. Ich habe heute schon einmal den Groll auf mich gezogen, das hat mir gereicht."

Sein Mentor nickte mitfühlend. „Dann schlage ich vor, du bestellst dir einmal eine von den köstlichen Wiener Mehlspeisen, und dann erzählst du mir, was passiert ist."

Nachdem beide sich für eine riesige flaumige Cremeschnitte entschieden hatten, begann Florian zu erzählen. „Seit letzter Woche telefoniere ich eine Liste mit Kunden ab, die schon lange keinen Kontakt mehr mit uns hatten, und heute habe ich mir eine ordentliche Abreibung geholt. Einer der Kunden, den ich angerufen habe, hat begonnen zu schimpfen wie ein Rohrspatz. Dass in der Zusammenarbeit damals so viel schiefgegangen wäre und dann hätte sich ewig niemand mehr gemeldet. Wie ich denn überhaupt die Idee und die Frechheit hätte, jetzt, nach so langer Zeit, überhaupt anzurufen. Ich war völlig perplex und habe nur noch irgendetwas von ‚Tut mir leid' und ‚Wusste ich nicht' gestammelt."

Severin zeigte sich verständnisvoll. „Ui, das klingt schon beim Zuhören unangenehm. Wie ging es dann weiter?"

Florian genehmigte sich genussvoll ein Stück Creme-schnitte. „Tja, irgendetwas muss ich richtig gemacht haben, denn am Ende hat mich der Kunde zu einem per-sönlichen Gespräch vor Ort eingeladen."

Severin lächelte anerkennend. „Sehr gut, Florian. Ich kann dir auch schon sagen, was du richtig gemacht hast: Du hast Verständnis gezeigt. Viele Menschen reagieren bei Reklamationen instinktiv falsch. Entweder suchen sie die Schuld bei anderen, beim Kunden, oder sie flüch-ten sich in sachliche Begründungen für die Unannehm-lichkeiten. Gerade eben habe ich mit einem Handwerker telefoniert, der mit seinen Arbeiten im Zeitverzug ist. Seine Antwort, als ich ihn zur Rede stellte: ‚Selbst schuld, dass ich mein Lokal in der Hauptsaison neu einrichte, außerdem kann er nicht in Ruhe arbeiten, weil so viele andere Handwerker dort sind, und überhaupt kann er gar nicht weitermachen, weil sein Lieferant noch nicht das gesamte Material geliefert hat.' Der Mann macht das natürlich nicht mit Absicht, doch mit solchen Aussagen gießt er natürlich noch zusätzlich Öl ins Feuer, denn als Kunde denke ich mir: ‚Das ist ja nicht mein Problem – ich will eine Lösung.'"

Florian säuberte sich brummend mit einer Serviette die Lippen. „Ups! Da habe ich ja noch Glück gehabt. Ich wollte nämlich auch schon zum Kunden sagen, dass ich ja für die Misere nichts kann, weil ich noch gar nicht so lange im Unternehmen bin. Die Frage ist: Abgesehen vom Verständnis, wie macht man es dann richtig, wenn Kunden sich beschweren?"

Severin begann mit einer Frage: „Florian, welches englische Wort steht unter dem Lautstärkeregler vieler Hi-Fi-Geräte?" Florian dachte kurz nach: „Ähm, Volume, oder nicht?"

Severin nickte: „Genau, das englische Wort für Lautstärke, oder abgekürzt VOL. Das ist mein Merkwort, wenn es um Reklamationen geht, denn da werden Kunden manchmal auch laut."

Florian lachte unvermittelt, und ein Stück Cremeschnitte hüpfte von seiner Kuchengabel. „Ich stelle mir gerade vor, wie ich die Stummtaste beim Kunden drücke."

Severin schmunzelte. „So einfach ist es leider nicht, Florian, darum lautet das Merkwort auch nicht MUTE, sondern VOL! Schritt eins haben wir schon besprochen: V, wie *Verständnis* zeigen, oder auch V wie *Verabschieden von der Schuldfrage*. Denn es ist völlig irrelevant, wer oder was schuld an der Misere ist. Der Kunde hatte eine andere, womöglich auch falsche Erwartung, und deshalb ist er jetzt unzufrieden, ungehalten, enttäuscht oder irgendeine andere Form negativer Emotion. Solange er nicht das Gefühl bekommt, dass du verstehst, was in ihm vorgeht, wird er sich nicht beruhigen. Hol ihn also genau dort ab und sprich die Emotion offen an: ‚Ich verstehe, dass sie sauer, enttäuscht, unzufrieden etc. sind.' Dann folgt sofort der nächste Schritt, das O wie *Orientierung*. Denn das bloße emotionale Verständnis alleine reicht nicht. Wir sind keine Seelsorger, der Kunde will Lösungen und um die bieten zu können, brauchen wir mehr Informationen. Also verschaffen wir uns Orientierung über die Situation. Was genau ist passiert, wie genau ist das abgelaufen, was war vereinbart, was war die Erwartung des Kunden, wo war das Missverständnis? Vielleicht reichen die Informationen des Kunden noch nicht, um eine Lösung zu skizzieren. Möglicherweise brauchst du auch noch Orientierung in Bezug auf die Abläufe in deinem Unternehmen. Dann sagst du das dem Kunden genauso: ‚Lieber Kunde, danke für die Informationen, nochmal, es tut mir leid, wie das abgelaufen ist. Ich werde jetzt gleich persönlich die verantwortlichen Personen kontaktieren, um herauszufinden, wie wir weiter vorgehen können. Ich melde mich verlässlich bei Ihnen morgen bis spätestens 12 Uhr mittags.' Dieses Versprechen hältst du natürlich ein. Selbstverständlich auch dann, wenn du noch keine Lösung hast. Der Kunde ist vielleicht nicht happy, aber immer noch besser, als sich nicht zu melden. Am Ende folgt das L für *Lösung*. Die kommunizierst du dem Kunden *immer* persönlich, niemals per Mail. Im Zuge dessen fragst du, ob damit für ihn alles geklärt ist. Erst dann bestätigst du es für ihn auch noch per Brief oder Mail."

Florian hatte seine Cremeschnitte mittlerweile aufgegessen und leckte sich mit zufriedenem Gesichtsausdruck die Lippen. „VOL, eigentlich so einfach wie einleuchtend. Ich denke, das Wichtigste ist, dass man über seinen eigenen Schatten springt. Verständnis zeigen statt Gegenangriff oder die Schuld woanders suchen."

Severins Telefon klingelte, und sein Gesicht erhellte sich. „Alles klar, das sind ja gute Nachrichten, bis gleich", sprach Severin und legte das Handy weg. „Florian, darf ich dich bitten, die Rechnung zu begleichen, der Handwerker steht schon vor dem *mavie*. Er hat doch einen Weg gefunden, wie wir weitermachen können."

Severin verabschiedete sich rasch und verließ das Lokal. Florian bat den Kellner um die Rechnung, und als dieser eine schwarze Mappe mit dem Emblem vom „Café Central" überbrachte, fand er darin nicht nur die Rechnung, sondern auch den gewohnten perçamentfarbenen Umschlag.

Deine Aufgabe zu diesem Coaching:

• *V-O-L. Verständnis, Orientierung und dann die Kommunikation der Lösung. Das sind die hilfreichen Schritte in der Reklamationsbehandlung. Welche Reklamationsfälle hattest du in der letzten Zeit, und wie klingen die Schritte in deinen Worten?*

• *Welche Fragen kannst du in deinem Geschäftsbereich immer anwenden, um dir Orientierung zu verschaffen?*

21. After Sales

Verträumt blickte Florian auf das langsam vorüberflie-
ßende Wasser. Er saß auf der Terrasse vom „Motto" am
Fluss, einem Lokal am Schwedenplatz mit direktem Blick
auf den Wienfluss. Severin hatte angerufen und angekün-
digt, sich ein wenig zu verspäten. Die Arbeiten im *mavie*
bogen in die Zielgerade ein, und es gab noch einiges zu
koordinieren. Gleichzeitig liefen schon die Planungen für
die Eröffnungsfeier. Florian hatte gerade bestellt, da traf
sein Mentor auch schon ein.

„Hallo Florian. Geschafft. Ging schneller als erwartet."

Er hatte sich eben erst gesetzt, als sein Telefon auch
schon wieder klingelte. „Das eine Gespräch nehme ich
noch, bestellst du mir bitte ein Tonic?" Dann sprach er
schon in sein Handy. Sein Gesichtsausdruck wechselte
von fragend zu verblüfft, um dann mit einem Lächeln das
Gespräch zu beenden. Noch bevor Florian fragen konnte,
erklärte Severin schon den Hintergrund.

„Das habe ich dir noch gar nicht erzählt: Vor zwei
Wochen bin ich in der Innenstadt bei einem Lampenge-
schäft vorbeigegangen. Die Auslage hat mich so ange-
sprochen, dass ich den Laden genauer unter die Lupe
nehmen wollte. Tja, ums kurz zu machen: Ich habe für die
Neuausstattung des *mavie* einzigartige Lampen gekauft.
Es sind Sammlerstücke. Ursprünglich stammen sie aus
dem legendären ‚Hotel Negresco' in Nizza und haben im
Jahr 1913 die ‚Medici Suite' verziert. Die Händlerin hat

sie in einer Verlassenschaft aufgestöbert und liebevoll restauriert."

Florian grinste: „So wie du strahlst, muss man die Lampen nicht einmal mehr einschalten."

„Die Lampen sind alleine schon ein Traum. Aber eben hat die Händlerin sich erkundigt, ob auch alle Lampen in einwandfreiem Zustand von der Spedition geliefert worden sind. Dann hat sie mir noch einen besonders verlässlichen Elektriker für die Installation empfohlen, sich nochmal für den Auftrag bedankt und am Ende viel Freude mit den Leuchten gewünscht. Das nenne ich einmal eine After Sales-Betreuung."

Florian nickte anerkennend. „Die Frau hat alles richtig gemacht. Das ist eine schöne Erinnerung für mich. Ich muss mich da selbst an der Nase fassen. Manchmal vernachlässige ich die Kundenbetreuung nach einem erfolgreichen Abschluss ein wenig ..."

Severin antwortete. „Tja, viele Menschen im Verkauf agieren nach dem Prinzip: Aus den Augen, aus dem Sinn. Sobald der Auftrag abgeschlossen ist, ab zum nächsten Kunden. Dabei steckt hier so großes verkäuferisches Potenzial drinnen. Direkt nach dem Kauf ist die Emotion noch besonders frisch, deshalb ist hier der beste Zeitpunkt, nach Testimonials zu fragen, also O-Ton-Aussagen des begeisterten Kunden. Diese kannst du für deine Überzeugungswirkung bei potenziellen Kunden nutzen. Aber es steckt noch viel mehr dahinter. Ein Kunde, der mit seinen eigenen Worten formuliert, wie zufrieden er ist, wird in seiner Kaufentscheidung nochmals bestärkt. Das schafft eine noch tiefere Kundenbindung und Loyalität. Außerdem kannst du die Chance für Cross- oder Upselling nutzen. Nach dem Kauf ist vor dem Kauf. Vielleicht hat der begeisterte Kunde ja jetzt Lust für eine weitere Lösung von dir. Die Lampenhändlerin hat mir eben erzählt, dass sie noch ein paar ähnliche Stücke hereinbekommen hat. Du kannst dir schon ausmalen, wo ich morgen Vormittag auf jeden Fall sein werde?"

Florian grinste.

„Noch ein Punkt, der ganz wesentlich ist ..." setzte Severin fort, „du bekommst die Chance, eventuelle Reklamationsgründe schon beim Aufkeimen zu erwischen. Rechtzeitig erkannt, lässt sich vieles noch vernünftig klären. After Sales ist nicht das Ende des Verkaufsprozesses, sondern integrativer Bestandteil deiner langfristig ausgerichteten Strategie für begeisterte Kunden."

Florian fühlte sich ertappt. „Ach Severin, das ist wieder so ein Thema, bei dem ich mir denke: ‚Solltest du eigentlich selbst wissen. Keine Raketenwissenschaft, da ist nichts dabei, man muss es nur tun.'"

Severin pflichtete ihm bei. „Stimmt. In meiner Arbeit als Salescoach habe ich viele Menschen im Verkauf kennengelernt. Oft hörte ich die Aussage: ‚Weiß ich doch alles schon, da habe ich schon hundert Trainings dazu gemacht!' Dann fuhr ich mit den Leuten mit, und es stellte sich heraus, dass sie vieles von dem, was sie angeblich wussten, gar nicht anwendeten! Es tummeln sich auf diesem Planeten viele Wissensriesen, die in Wahrheit Könnenszwerge sind. Große Klappe und nichts dahinter. Die echten Profis unterscheiden sich immer im Tun, im Machen und nicht im darüber reden ..."

Florian hatte sich die Worte seines Mentors zu Herzen genommen. Nachdem die beiden noch die letzten Neuigkeiten über den Fortgang der Arbeiten im *mavie* ausgetauscht hatten, verabschiedete Florian sich und machte noch einen Abstecher zum Zeitungskiosk am nahen Schwedenplatz. Er wollte schon am nächsten Tag seine Bekenntnis zur After Sales-Betreuung umsetzen und einen neuen Kunden besuchen, bei dem er erst letzte Woche einen großen Auftrag realisiert hatte. Nachdem er wusste, dass dieser sich für Architektur sehr interessierte, kaufte er am Kiosk noch das neueste Architecture & Design Magazin. Der freundliche Händler reichte ihm mit einem Dankeschön die Zeitschrift und das Wechselgeld.

Dann drehte er sich nochmal zum Regal hinter sich um, reichte Florian etwas entgegen und fügte hinzu: „Sie sehen aus, als könnte Sie damit etwas anfangen." Florian rechnete schon damit, dass ihm der Verkäufer nun irgendeine Männerzeitschrift reichen wollte, doch es war ein pergamentfarbener Umschlag mit rotem Siegel ...

Deine Aufgabe zu diesem Coaching:

- *After Sales ist ein integrativer Bestandteil deiner Verkaufsstrategie.*
- *Wie kannst du die Nachbetreuung noch intensivieren und verbessern?*

22. Zusatzverkauf

„19 Uhr ‚Café Prückel'. Bis heute Abend. Liebe Grüße, Severin." Florian las die SMS und überlegte, wie er dort am Abend am besten hinkommen würde. Hoffentlich war das *mavie* bald wieder in Stand gesetzt. Die Orte, an denen er sich mit Severin bisher getroffen hatte, waren zweifelsohne toll gewesen, aber wenn das so weiterging, dann kannte er bald alle Lokale in Wien. Das „Prückel" war ein traditionsreiches Café an der Ringstraße gegenüber dem Museum der angewandten Kunst. Es bestand bereits seit der Jahrhundertwende und war seit 2011 immaterielles Kulturerbe der UNESCO. Kurz nach sieben suchte sich Florian leicht erschöpft von seinem langen Tag den Weg durch die zahlreichen kleinen Tische, an denen Touristen, Geschäftsleute und Studenten angeregt plauderten. Endlich hatte er Severin gefunden und begrüßte ihn freundlich, aber erschöpft.

„Hallo Severin, schön, dich zu sehen. Ich mag deine Auswahl an Lokalen wirklich gern, aber können wir denn nicht bei einem bleiben? Ich muss mich jedes Mal neu orientieren." Severin legte seine Zeitung beiseite und antwortete ruhig.

„Florian, Gewohnheiten und Rituale stabilisieren das Bestehende. Das ist gut so, und darum dreht sich auch der Großteil unseres Lebens. Aber nur neue Perspektiven bringen uns weiter. Wer seinen geistigen Horizont erweitern möchte, der sollte das auch körperlich tun. Aber wie sagt man so schön: ‚Man muss nicht immer in die Ferne schweifen, das Gute liegt so nah.'" Es braucht nicht immer die Malediven oder das Amazonasdelta. Auch direkt vor der Haustür gibt's genug Möglichkeiten, Neues auf dich wirken zu lassen. Deshalb denk ich mir, es kann nicht schaden, wenn wir die Misere im *mavie* dazu nutzen, uns ein wenig in Wien umzusehen."

Dabei grinste er von einem Ohr zum anderen, so dass ihm Florian nicht böse sein konnte. Schon bald tauchte der Kellner auf und nahm die Bestellung von Florian entgegen.

„Für mich bitte einen großen Espresso." Der Kellner notierte die Bestellung auf seinem Block und sprach Florian nochmals an:

„In der Küche haben's grad einen frischen Apfelstrudel aus dem Rohr geholt. Der dampft noch! Mit einer großen Portion Schlag – ohne den gekostet zu haben, dürfen's heut nicht heimgehen junger Mann!"

Florian schmunzelte über den Wiener Dialekt des Kellners und dessen charmante Art zu verkaufen. „Wenn Sie das sagen, bitte bringen's uns zwei, der Herr neben mir schaut auch noch hungrig aus." Severin wollte noch ein Veto einlegen, da war der Kellner auch schon verschwunden.

„Tja, klassischer Fall von Zusatzverkauf. Da kann ich alleine schon aus didaktischen Gründen nicht nein sagen", schmunzelte Severin.

„Ich habe das eher als Service wahrgenommen, wenn der Strudel wirklich frisch aus dem Ofen gekommen ist, dann ist das ja wirklich eine Gelegenheit die man sich nicht entgehen lassen kann", antwortete Florian voller Vorfreude auf die süße Leckerei.

Severin nahm grinsend einen Schluck von seinem Kaffee. „Fragt sich, wie oft hier ein frischer Apfelstrudel gerade zufällig den Ofen verlässt. Aber egal, er wird garantiert herrlich schmecken. So viel ist sicher. Ich bin froh über die Initiative des Kellners, denn sie zeigt uns, dass Zusatzverkauf sehr häufig nicht als Verkauf, sondern als Service empfunden wird. Vorausgesetzt, du hast dir etwas dabei gedacht und die Empfehlung ist clever formuliert. Wenn das der Fall ist, dann sind die Kunden höchst dankbar für deine Aufmerksamkeit und dein Mitdenken."

Der Kellner tauchte hinter Severin mit Florians Kaffee und zwei Tellern Apfelstrudel mit viel Schlagsahne auf. Die traditionelle Wiener Mehlspeise dampfte tatsächlich noch verführerisch. „Mhm", brummte Florian voller Vorfreude.

Severin tauchte seine Gabel genüsslich in den Berg Sahne. „Tja, aber weil sich wahrscheinlich nicht alles so leicht verkauft wie ein frischer Apfelstrudel, kann es durchaus sinnvoll sein, sich in einer ruhigen Minute ein paar Gedanken zu den eigenen Zusatzverkaufschancen zu machen. Oftmals sieht man den Wald vor lauter Bäumen nicht, beziehungsweise häufig kommt das Argument: ‚Wenn es der Kunde haben will, dann fragt er sowieso danach!' Das ist aber natürlich Blödsinn, denn genauso wenig wie wir wissen konnten, dass soeben ein frischer Apfelstrudel fertiggeworden ist, kennt auch dein Kunde dein volles Portfolio mit Sicherheit nicht. Soviel

Intelligenz und Mündigkeit dürfen wir unseren Kunden schon zutrauen, dass sie auch nein sagen können, wenn sie etwas nicht wollen. Ich denke da schon eher an das gegenteilige Szenario: Du empfiehlst einem Kunden eine Zusatzverkaufsmöglichkeit nicht, weil du denkst, es interessiert ihn sowieso nicht. Er kommt Wochen später durch Zufall darauf, was du ihm vorenthalten hast. Was wird er wohl denken?"

Florian wischte sich verlegen seinen Sahnebart von den Lippen. „Er wird sauer sein auf mich, weil ich zu faul oder zu unaufmerksam war, ihn darauf hinzuweisen!"

Severin bestätigte. „Genau. Er denkt nicht: ‚Der liebe Verkäufer, er wollte nur nett und nicht aufdringlich sein. Was für ein empathischer Mensch!' Das schlimmste, was dir bei einer wohlüberlegten Empfehlung passieren kann, ist die Aussage: ‚Stimmt, könnte interessant sein, aber fürs Erste komme ich ohne aus.' Wenn dein Produkt ein wenig komplexer ist als Kaffee und Apfelstrudel, dann kann es sich durchaus lohnen, wenn du dir eine Liste mit Gelegenheiten und Konstellationen machst, die in Punkto Zusatzverkauf sinnvoll sind. Spannend wird es besonders dann, wenn man diese Liste mit erfahrenen Kollegen und Kolleginnen austauscht und plötzlich erkennt, welche Gelegenheiten man bisher vielleicht noch gar nicht am Schirm hatte, und wo sich Gelegenheiten für Up- oder Cross Selling bieten. Nicht zuletzt kannst du auch Kunden interviewen und herausfinden, welche Wünsche von dieser Seite genannt werden. Zusatzverkauf ist eine der häufigsten ungenutzten Chancen für mehr Deckungsbeitrag *und* zufriedene Kunden.

Wie auf ein Stichwort tauchte der Kellner wieder auf und schürzte verschmitzt die Lippen

„Die Herren schauen zufrieden aus, ein paar Portionen sind noch über. Wieviel soll ich einpacken lassen?"

Florian und Severin lachten herzlich. „Für mich bitte eine Portion, Katharina freut sich garantiert. Sie mag Apfelstrudel genauso gerne wie ich." Severin winkte ab, übernahm aber die Rechnung. Zu Hause bei Florian gab es gleich zwei Überraschungen im Prückel-Mehlspeiskarton. Einmal der Apfelstrudel für Katharina und der pergamentfarbene Umschlag für Florian ...

Deine Aufgabe zu diesem Coaching:

- *Finde passende Kombinationen und Gelegenheiten für Zusatzverkaufschancen.*

- *Formuliere clevere und serviceorientierte Kundenempfehlungen.*

23. Empfehlungen

Florian blickte von seinem Handydisplay auf die Tür, wieder aufs Display und wieder zur Tür. Die Adresse stimmte.

„Wir treffen uns heute in der ‚Bar Tür7' in der Buchfeldgasse 7. Bis gleich."

Florian stand vor einer unscheinbaren Tür mit Spion, daneben eine Klingel. Nichts deutete auf eine Bar hin. Kein Neonschild, keine Getränkekarten, gar nichts. Zaghaft läutete er und wartete auf Reaktion. Plötzlich öffnete sich die Tür und ein sympathischer, elegant gekleideter Herr stand vor ihm.

„Servus, ich bin der Gerhard. Severin hat mich schon angerufen, er kommt auch gleich." Florian trat ein und war fasziniert von der Atmosphäre. Zu seiner Rechten erblickte er einen mächtigen, opulent gestalteten Bartresen mit unzählbar vielen Flaschen und Gläsern. Die kleine Bar konnte kaum mehr als 30 Sitzplätze bieten und wirkte bis ins letzte Detail liebevoll gestaltet. Es klingelte kurz und der Barmann, oder sollte man ob dieser Verhältnisse wohl eher Gastgeber sagen, öffnete die Tür für Severin.

„Servus Geri, ich weiß, dass du normalerweise erst um 21 Uhr öffnest. Vielen Dank, dass du für uns eine Ausnahme machst."

Der Besitzer antwortete spitzbübisch: „Nur weil ihr da seid, heißt das ja noch nicht, dass ihr etwas zu trinken bekommt. Bin gleich bei euch. Ich muss nur schnell die Lieferung von draußen reinholen."

Florian blickte sich um, fand allerdings nirgends eine Karte. Severin hatte das bemerkt und sprach ihn darauf an: „Eine Karte wirst du hier nicht finden, lass dich einmal überraschen."

Florian war nun neugierig geworden. „Sag einmal, wie bist du auf diese Bar eigentlich gekommen? Da draußen hängt ja nicht mal ein Schild. Noch dazu in dieser unscheinbaren Gasse, fernab jeglicher anderer Lokale?"

Severin lächelte amüsiert. „Ganz einfach. Es wurde mir wärmstens empfohlen. Das können wir gleich zum Thema unseres heutigen Coachings machen. Empfehlungen sind auch im Verkauf Gold wert. Leider fragen viele Menschen im Verkauf entweder gar nicht danach oder etwas tölpelhaft. Dabei ist es so einfach: Du fragst einen bestehenden Kunden einfach danach, wie zufrieden er mit deinem Produkt bzw. mit deiner Leistung ist. Gehen wir jetzt einmal davon aus, dass du clever bist und einen Moment suchst, wo der Kunde besonders zufrieden ist. Nachdem der Kunde mit seinen eigenen Worten seine Zufriedenheit oder sogar Begeisterung formuliert hat, fragst du nach, ob er nicht nur zufrieden oder begeistert, sondern ob er empfehlenswert zufrieden oder empfehlungswert begeistert ist. In diesem Moment wird dir der Kunde selbstverständlich bestätigen, dass er empfehlenswert zufrieden bzw. empfehlenswert begeistert ist. Dann brauchst du nur mehr zu fragen, wer aus seiner Sicht für eine Empfehlung in Frage kommt. Nenne ihm je nach Branche, in der du tätig bist, verschiedene Möglichkeiten. Also zum Beispiel: ‚Wer von Ihren Freunden, Verwandten oder Bekannten könnte denn noch von meinem Produkt, meiner Leistung profitieren, wer fällt Ihnen denn da ein?' Im B2B-Bereich fragst du: ‚Wer aus Ihrem Unternehmerkreis, Ihrem Netzwerk, Ihren Freunden fällt Ihnen da ein, für wen könnte das auch in Frage kommen?', und dann heißt es Klappe halten und zuhören."

Florian hatte sich die Sätze auf seinem Block mitgeschrieben. „Hm, so kann ich mir das vorstellen. Das klingt nicht nach betteln um eine Empfehlung. Im Gegenteil, ich glaube, dass der Kunde sich sogar freut, wenn er mir jemanden nennen kann. Wenn ich zuerst die Aufmerksamkeit auf seine Zufriedenheit lenke und er sich dann gewissermaßen dafür revanchieren kann."

Severin nickte bestätigend. ‚Ganz genau, richtig erkannt. Die Psychologie spricht hier vom Reziprozitätsprinzip. Der Volksmund kennt das Phänomen als ‚Wie man in den Wald hineinruft, so kommt es zurück' oder auch ‚Eine Hand wäscht die andere'. Ich sehe schon, Gerhard kommt zurück. Ich bin gespannt, was wir bekommen werden."

Der Barchef wandte sich zuerst an Florian: „So Florian, erzähl mir einmal ein wenig von dir. Wie war dein Tag, wie fühlst du dich jetzt?"

Florian war etwas überrascht von der Frage. Er hatte erwartet, dass Gerhard ihn nach seinen Getränkewünschen fragen würde. Deshalb antwortete er etwas zögernd: „Ähm, ich bin etwas erledigt. War ein anstrengender Tag heute. Und jetzt bin ich zugegebenermaßen ein wenig verunsichert, was da noch so auf mich zukommt ..."

Der Barchef lächelte und antwortete: „Dann habe ich die richtige Mischung für dich. Severin, wie war dein Tag?"

Severin strahlte: „Mein Tag war herrlich. Die Arbeiten im *mavie* sind so gut wie fertig. Ich habe heute einen Blick hineingeworfen und es sieht schon jetzt prächtig aus. Ich freue mich, wenn du mich mit etwas Schrägem überraschst."

„Wird gemacht", antwortete der Barchef und ließ die beiden alleine.

Florian schüttelte den Kopf. „Na, jetzt bin ich aber gespannt. Ein Barkeeper, der mich nicht fragt, was ich trinken will, sondern wie es mir geht, das hab ich noch nie erlebt."

„Gerhard hat sich seinen persönlichen Traum erfüllt und diese außergewöhnliche Bar eröffnet. Statt bewährte Konzepte zu kopieren, hat er hier etwas Besonderes geschaffen."

„So, meine Herren. Hier haben wir zunächst den Drink für den jungen Mann. 50 ml Remy Martin VSOP, 20 ml Picon Amer Orange, 10 ml Edmond Briottet Crème de Fique, 20 ml Zitronensaft frischgepresst, 5 ml Lavendelsirup, geshaked, straight up in gekühlter Schale. Und für Dich, Severin: 50 ml Balvenie 12y Double Cask, 10 ml Lustau Sherry Fino, 10 ml Pontica Vermouth Red, 5 ml Ricard Pastis, gerührt, straight up in gekühlter Schale."

Florian erlebte ein Feuerwerk des Geschmacks am Gaumen. Das Konzept des Gastronomen war voll aufgegangen. Hätte er die Wahl gehabt, dann hätte er einen gewohnten Cocktail wie einem Caipirinha oder Daiquiri gewählt. Was er jetzt bekommen hatte, übertraf seine Wahl bei Weitem.

Severin lächelte wissend. „Manchmal tut es einfach gut, wenn man sich überraschen lässt, nicht wahr? Noch dazu, wenn man einem Profi vertrauen kann."

Die Zeit bis zur offiziellen Öffnungszeit der Bar verging wie im Flug. Severin, Florian und Gerhard unterhielten sich noch angeregt über die Prinzipien und Muster des Erfolgs, über die Befriedigung, seinen Zielen zu folgen und auch über die Stolpersteine und Hürden auf dem Weg zum eigenen Traum.

Florian blickte auf seine Uhr und verkündete angesichts der starken Drinks, die er konsumiert hatte: „Ich glaube, ich werde heute mit dem Taxi nach Hause fahren."

Severin griff in seine Tasche und überreichte ihm eine Visitenkarte. „Ruf Rita an, ich kann sie empfehlen"

Nach nur zehn Minuten parkte eine schwarze Limousine vor der Tür. Eine zierliche Frau stieg aus, begrüßte Florian freundlich und hielt ihm die Türe auf. Nachdem er sich angeschnallt und das Fahrtziel bekanntgegeben hatte, wies ihn die Fahrerin auf die Sitztasche neben ihm hin.

„Sie finden in der Sitztasche die Abendausgaben der morgigen Tageszeitungen. Passt Ihnen die Musik und die Temperatur?" Florian war völlig perplex.

„Ja, ja. Völlig OK." So etwas hatte er in einem Taxi noch nie erlebt. Zusätzlich zu den Tageszeitungen fanden sich in der Tasche noch ein Deospray, zwei Parfümfläschchen, Taschentücher, ein Schuhpflegeschwamm und vieles mehr.

„Das ist für die großen und kleinen Malheurs des Lebens.", lachte die aufgeweckte Fahrerin. Nach einer kurzen und angenehmen Fahrt waren sie auch schon vor Florians Wohnung angekommen.

„So, bitte sehr, macht neunzehnvierzig. Wie zufrieden waren Sie mit der Fahrt?" Florian bedankte sich überschwänglich für die außergewöhnliche Taxifahrt. Die Fahrerin lächelte und reichte ihm zwei Visitenkarten.

„Das freut mich, dann gebe ich Ihnen noch zwei Karten. Eine für Sie und noch eine zusätzliche. Ich freue mich auf Weiterempfehlung." Dann deutete sie noch auf den Rücksitz. „Übrigens, Sie haben da noch etwas vergessen." Florian war zwar schon ein wenig müde und sich sicher, dass er nichts vergessen hatte. Doch er ahnte schon was dort liegen würde: ein pergamentfarbener Umschlag ...

Deine Aufgabe zu diesem Coaching:

- *Empfehlungen sind die Basis für deine erfolgreiche Zukunft.*

- *Mit welcher Formulierung holst du dir das OK für eine Empfehlungsfrage?*

24. Mentale Stärke

Brutal zerrte der Wind an Florians Kleidung. Einerseits kämpfte er mit seiner aufkeimenden Angst, andererseits war die Aussicht über Wien einfach beeindruckend. Neben ihm stand Severin und blickte ehrfürchtig in die Ferne. Sie befanden sich auf dem Dach des DC Towers in über 200 Meter Höhe. Betriebsfremden Personen war der Zutritt zu diesem Bereich normalerweise verboten, doch für Severin galten scheinbar sowieso andere Gesetze. Er hatte Florian heute eine besondere Erfahrung versprochen und in jeder Hinsicht Wort gehalten. Hier oben konnten sich die beiden nur brüllend verständigen, da der Wind einem förmlich den Atem raubte. Severin deutete mit seinem Arm in Richtung des Abgangs. Nachdem sie das Treppenhaus betreten und die schwere Tür geschlossen hatten, kehrte wieder Ruhe ein.

„Na, was sagst du zu dieser Aussicht?", fragte Severin.

„Wahnsinn! Es macht schon einen Riesenunterschied, ob man in solcher Höhe hinter Glas steht oder im Freien. Noch dazu bei diesem Wind."

Severin schritt voran. „Das stimmt. Lass uns trotzdem noch in die ‚57 Lounge' gehen. Der Ausblick ist dann zwar nicht mehr so spektakulär, dafür ist es gemütlich."

Die Bar des Melia Hotels im DC Tower befand sich, deshalb auch der Name, im 57. Stockwerk. Die beiden nahmen auf einer bequemen Couch gleich an der Fensterfront Platz.

„Alleine hätte ich mich da oben wohl nicht hingestellt, mit meiner Höhenangst, noch dazu bei diesem Wind", stellte Florian fest.

„Du hast dich wacker geschlagen. Auch im Verkauf bläst uns oft ein kalter Wind entgegen, der an unseren Nerven zerrt. Hier brauchst du mentale Stärke, Fokus und Konsistenz. Es beginnt schon bei einem Thema, das wir in den ersten Wochen bearbeitet haben. Wenn du dich bei der Telefonakquise von den vielen Neins einschüchtern lässt, dann wirst du schnell aufgeben und entmutigt das Handtuch werfen. Wir brauchen aber auch in vielen anderen Fällen eine dicke Haut. Tagtäglich erzählen Kunden, wie teuer deine Produkte sind. Aus gutem Grund natürlich. Wenn ich meinem Lieferanten permanent erzähle, wie günstig er ist, dann wird er früher oder später die Preise anheben. Knallharte Geschäftsleute machen daher das Gegenteil und prügeln unerlässlich auf die Verkäufer ein. Wenn diese nun jeden Tag mit durchschnittlich 5–8 Kunden zu tun haben, 5 Tage die Woche, 4 Wochen im Monat, dann hören sie, wenn's blöd läuft, 160 Mal im Monat, dass sie zu teuer sind. Dagegen hören sie einmal im Monat vom Verkaufsleiter, dass die Preise völlig korrekt und fair kalkuliert sind. Was wird wohl überwiegen? Wir haben bis jetzt nur davon gesprochen, was die Kunden so kommunizieren. Dann gibt's allerdings noch die nette Kollegenschaft. Du hast mir vor langer Zeit von deinem Kollegen Fritz erzählt. Statt sich selbst an der Nase zu fassen, und die eigene Verkaufsperformance zu hinterfragen, wird das Produkt, der Preis, die Wirtschaftslage und vieles mehr verantwortlich gemacht. Das kommt dir bekannt vor, nicht wahr?"

Florian antwortete: „Und wie! Erst letzte Woche standen einige meiner Kollegen in der Kaffeeküche und haben sich beschwert, dass der Mitbewerber viel attraktivere Preise hat."

„Top-Verkäufer lassen sich weder von Kunden noch von Kollegen den Erfolg schlechtreden. Sehr gerne sind sie offen für konstruktive, sachliche Kritik. Sie hören sich berechtigte Zweifel genauso an wie auch begründete Einwände. Jedes weitere unreflektierte Gejammer lassen sie allerdings hinter sich. Gewinner finden Wege, Verlierer finden Ausreden. Das liest sich gut in jedem durchschnittlichen Erfolgsratgeber, doch auch hier zählt nicht das Wissen darum, sondern ob du es auch wirklich lebst. Zweifelsohne ist es der härtere Weg. Motivation findest du nicht in Büchern, sondern in dir selbst. Nur du kannst dich motivieren, und das wird dir nicht frei Haus geliefert, sondern bedarf jeden Tag aufs Neue den Fokus auf deine Ziele. Ich bin kein Freund von Feuerlaufritualen, bei denen Menschen vorgegaukelt wird, dass sich dadurch alles ändert. Nichts, das von außen auf dich einwirkt, wird dein Leben dauerhaft ändern. Viele Menschen fiebern jahrelang der neuen Wohnung, dem neuen Haus, dem neuen Auto, der akademischen Ausbildung entgegen. Um dann bei Erreichen plötzlich zu erfahren: Es hat sich nichts maßgeblich verändert. Ich bin immer noch der- oder dieselbe. Tatsächliche Veränderung, echter Fortschritt passiert nicht im Moment, sondern alleine durch Disziplin und Durchhaltevermögen. Viele Male auf die Schnauze fallen und immer wieder aufstehen. Echte Gewinner scheitern nicht weniger – sie scheitern häufiger. Und sie lernen jedes Mal daraus."

Florian wirkte ein wenig betreten. „Hm, du sprichst einen spannenden Punkt an. Als wir unser Coaching begonnen haben, da habe ich mir gedacht: Jetzt ändert sich alles. Von dir bekomme ich die sagenumwobene Zauberformel. Aber sehr bald wurde mir klar, dass sich gar nicht alles ändern kann. Denn vieles ist einfach nicht in meinem Einflussbereich. Das Einzige, was ich wirklich ändern kann, bin ich selbst und meine Einstellung zu den äußeren Faktoren. Ich gebe zu, das war desillusionierend. Es fühlt sich sehr verlockend an, zu glauben, jetzt kommt der große Guru und ändert alles für mich. Dass es am Ende nur der eigene Einsatz und die eigene Disziplin ist, die etwas ändert, wollte ich zu dem Zeitpunkt noch nicht wahrhaben, denn das ist ja mit Aufwand verbunden."

Severin klopfte Florian auf die Schulter. „Das macht nichts, im Laufe der Zeit hast du ja erkannt, worum es geht, und du hast auch schon hart an dir gearbeitet. Ich bin wirklich stolz auf deine Leistung. Und jetzt lass uns einmal darauf anstoßen."

Severin blieb noch in der Lounge, da er noch einige Freunde treffen wollte. Florian nahm den Lift ins Tiefgeschoss, wo er sein Auto geparkt hatte. Er checkte noch schnell seine Mails am Handy, und als er den Aufzug verließ, stolperte er an der Kante und fiel der Länge nach hin. Ein Mann, der auf den Aufzug gewartet hatte, half ihm wieder auf die Beine.

„So schnell fällt man hin, wenn man sich nicht auf die Dinge konzentriert, die vor einem liegen. Sie haben das etwas verloren." Florian bedankte sich und bemerkte die Doppeldeutigkeit der Aussage sogleich, wie auch den Gegenstand, den er vermeintlich verloren hatte. Ein pergamentfarbener Umschlag ...

Deine Aufgabe zu diesem Coaching:

- *Wie motivierst du dich in schwierigen Phasen?*
- *Wie sorgst du dafür, dass dich Aussagen deiner Kunden und Kollegen nicht aus der Bahn werfen?*
- *Worauf legst du jeden Tag deinen Fokus?*

25. Betriebswirtschaft

„Was für eine Affenhitze", dachte Florian. Tagsüber hatte das Thermometer in seinem Dienstwagen nie unter 35 Grad angezeigt. Jetzt, kurz vor sieben, hatte es immer noch 34 Grad. Die vielen Gebäude, der Asphalt und der Beton in Wien wirkten wie ein Hitzespeicher. Heute fand sein Coaching endlich wieder im *mavie* statt. Florian genoss die kühle Atmosphäre, in die er eintrat, als er die schwere Tür aufdrückte. Das Kellerlokal brauchte dank der dicken Mauern keine Klimaanlage. Amelie stand hinter der nagelneuen Bar und sortierte gerade Gläser ein. An den Wänden erkannte Florian die Lampen, von denen Severin so sehr geschwärmt hatte. Sie tauchten das Lokal in ein angenehmes Licht und unterstrichen die gemütliche Stimmung.

„Schön, dich wieder einmal zu sehen Amelie. Die neue Einrichtung ist euch fantastisch gelungen. Ich finde es sogar noch schöner als vorher."

„Servus Florian, manchmal muss man sich von Bestehendem verabschieden, damit etwas Neues entstehen kann."

„Amelie, meine Philosophin", hörte Florian nun auch Severin, der in einer der neugestalteten Sitzecken am Ende des Raums saß. „Nimm Platz, ich bin gleich fertig."

Florian gesellte sich zu Severin, der vor einem Stapel Ordner saß und den Laptop aufgeklappt hatte. Florian sah, dass Severin eine Excel-Tabelle geöffnet hatte.

„Ich checke gerade noch die Zahlen. Nicht alles von der neuen Einrichtung wurde von der Versicherung übernommen, und ich verschaffe mir einen Überblick über die Investitionen."

Florian schnaubte: „Oh je. Wenn ich Excel-Tabellen nur sehe, bekomme ich Ausschlag."

Severin klappte seinen Rechner zu. „Das wird sich ändern, Florian. Der Umgang mit Zahlen und betriebswirtschaftlichen Termini gehört zum Einmaleins der Spitzenverkäufer. Wie willst du jemandem komplexe Lösungen verkaufen, wenn du die Kalkulation im Hintergrund vielleicht gar nicht verstehst? Nehmen wir ein Beispiel, an dem viele scheitern. Stell dir vor, ich würde im Jahr eine Million Euro Umsatz machen. Das stimmt zwar nicht ganz, aber der Einfachheit halber nehmen wir es einmal an. Mir bleiben im Moment 100.000 Euro als Gewinn übrig. Da meine Gäste immer wieder über meine überzogenen Preise jammern, beschließe ich, im nächsten Jahr alle Preise um zehn Prozent zu senken. Die erhoffte Wirkung bleibt aber aus, und die Gäste konsumieren nicht mehr, aber auch nicht weniger als im letzten Jahr. Was meinst du, wie würde sich das auf meinen Gewinn auswirken, Florian?"

„Da muss ich nicht lange rechnen. Statt 100.000 bleiben nur noch 90.000 Euro Gewinn übrig. Zehn Prozent weniger."

Severin nickte: „Hm, manchmal zahlt es sich allerdings aus, wenn man ein wenig länger rechnet. Deine Milchmädchenrechnung führt in der Realität öfter zu Firmenpleiten als man glaubt. Rechnen wir nochmal nach. Ich mache im Vorjahr eine Million Euro Umsatz. Jetzt senke ich die Preise, das führt zu einem Umsatz von 900.000 Euro."

Florian kratzte sich die Stirn. „OK, das macht Sinn. Soweit liege ich auch noch richtig."

„Gut, dann kommen wir nun zu den Kosten. Um wieviel weniger fallen meine Fixkosten aus? Also das Leasing für die neue Kaffeemaschine, der Kredit für die Einrichtung und so weiter?"

Florian antwortete: „Na, das ist klar. Das bleibt gleich."

„OK, nehmen wir an, dieser Posten hätte fiktiv 450.000 Euro ausgemacht. Kommen wir zu den variablen Kosten, also hauptsächlich Einkauf von Lebensmitteln und Getränken. Der bleibt ja auch gleich, weil wir weder mehr noch weniger verkaufen. Sagen wir einmal, das waren auch 450.000. Während also im Vorjahr nach einem Umsatz von einer Million noch 100.000 Euro übrigblieben, bekomme ich wahrscheinlich einen freundlichen Anruf von der Bank, warum wohl?"

Florian war verblüfft: „Weil du gerade Null Gewinn gemacht hast."

Amelie kam mit einem Tablett zum Tisch und servierte eisgekühlte Getränke. „Holunderlimonade mit viel Eis, für die rauchenden Köpfe. Zum Glück rechnet Severin in der Realität cleverer. Tatsächlich hat er die Preise um fast zehn Prozent erhöht. Das macht bei einer Limo statt dreifünfzig jetzt dreiachtzig. Das fällt keinem Gast negativ auf. Wahrscheinlich bemerken es sogar die wenigsten. Die Bank wird's aber merken."

Severin zwinkerte seiner Geschäftspartnerin zu. „Stimmt. Was passiert denn mit dem Gewinn, wenn ich es schaffe, die Preise um zehn Prozent zu steigern und trotzdem gleich viele Konsumationen erreiche?"

Florian antwortete wieder ohne lange zu rechnen: „Ganze zehn Prozent mehr! 110.000 Euro Gewinn, statt 100.000."

„Florian! Rechne, bevor du antwortest! Wenn ich die Preise um zehn Prozent erhöhe, dann mache ich um 100.000 Euro mehr Umsatz. Ergibt 1,1 Millionen Euro. Bei gleichbleibenden Fixkosten und gleichbleibenden variablen Kosten ergibt 1,1 Millionen minus 900.000 einen Gewinn von 200.000 Euro. Wir haben den Gewinn verdoppelt – ohne uns mehr anzustrengen."

Florian rechnete das Beispiel mehrmals nach. Severin hatte recht. Wie hatte er sich nur so irren können?

Severin klimperte mit den Eiswürfeln in seinem Glas. „Als Spitzenverkäufer behältst du immer einen kühlen Kopf und bist dir der betriebswirtschaftlichen Auswirkungen für dich und deine Kunden immer bewusst. Mache dich mit den wichtigsten unternehmerischen Kennzahlen vertraut. EBIT, Cashflow, Break-even, und so weiter, sollten für dich vertraute Begleiter werden. Nur so kannst du mit deinen Kunden auf Augenhöhe sprechen und verhandeln. Ich gebe dir ein Standardwerk mit den wichtigsten betriebswirtschaftlichen Kennzahlen mit, schaue dir das in aller Ruhe zu Hause durch."

Florian nahm das Buch dankbar entgegen. „Ein Freund von mir hat in erster Linie mit Privatkunden zu tun, der spart sich das dann wahrscheinlich, nicht wahr?"

Severin schüttelte den Kopf. „Mag sein, dass die Komplexität geringer ist. Doch Rentabilitätsrechnungen, Zins und Zinseszins über die Nutzungsdauer, Energieverbrauch und die damit verbundenen Kosten, oftmals auch versteckte Kosten – da gibt es vieles, mit dem man sich im Sinne der besten Entscheidung des Kunden beschäftigen sollte."

Florian hatte verstanden. „Aber jetzt etwas ganz anderes, wenn wir schon bei Zahlenspielereien sind. Wenn ich richtig gerechnet habe, dann ist das nächste Mal schon unser letztes Coaching? Ich weiß, dass du damals gesagt hast: Ein Jahr, nicht mehr, nicht weniger. Aber können wir nicht eine Ausnahme machen? Jetzt, wo es so super bei mir läuft So wie es aussieht, liege ich dieses Jahr fast gleichauf mit unserem Spitzenverkäufer Clemens. Können wir nicht doch weitermachen?"

Severin blickte ernst: „Lieber Florian, du hast dieses Jahr so viel mitgenommen. Du hast große Fortschritte gemacht, und du wirst noch viele weitere Erfolge feiern. Lass uns beim nächsten Coaching darüber sprechen, was du noch brauchst, um weiter zu wachsen."

Dieses Mal verließ Florian das *mavie* etwas nachdenklich. Eines war aber wie gewohnt Als er bei sich zu Hause das Buch von Severin auspackte, blitzte der pergamentfarbene Umschlag daraus hervor.

Deine Aufgabe zu diesem Coaching:

- *Erstelle für deine Produkte und Lösungen Beispielkalkulationen und erkenne, welche Auswirkungen Rabatte auf deine Deckungsbeiträge haben. Verschiebe die Faktoren „mehr/weniger Umsatz" – „mehr/weniger Rabatt" und mache dir die Auswirkungen bewusst.*

- *Mache dich mit den wichtigsten betriebswirtschaftlichen Begriffen und Kennzahlen vertraut und lerne so die finanzielle Entscheidungskomponente, deine Kunden besser zu verstehen.*

26. Mentoren

Mit gemischten Gefühlen öffnete Florian die Tür des *mavie*. Wenn Severin ernst machte, dann war heute wirklich das letzte Coaching mit seinem Mentor.

„Gut, dass du da bist, Florian. Kannst du mir bitte diesen Spiegel hier halten. Ich will ihn montieren, und alleine schaffe ich das nicht ordentlich!"

Gemeinsam war der große goldgerahmte Spiegel bereits in wenigen Minuten montiert und gab so dem kleinen Raum optisch mehr Tiefe.

„Als Gegenleistung musst du es dir nun noch einmal anders überlegen und das Coaching fortsetzen. Ich brauche einen Mentor wie dich! Du hast mich so weit gebracht, jetzt kannst du nicht plötzlich aufhören!"

„Florian, was macht ein Mentor für dich?"

„Er bringt mir Neues bei." antwortete Florian sofort.

„Manchmal vielleicht. Doch wenn du dich an unsere vergangenen Coachings erinnerst, dann wirst du bemerken, dass wir vieles besprochen haben, das dir eigentlich klar war. Es fehlte dir lediglich das präzise Verständnis. Manchmal schlicht und ergreifend der Wille zur Umsetzung. Ein exzellenter Mentor muss dir nichts Neues beibringen. Oft reicht es, wenn er dir neue Perspektiven zeigt. Wie dieser Spiegel, den wir eben montiert haben. Er kann dir nichts Neues zeigen, er zeigt dir die Realität. Er zeigt dir die Dinge allerdings aus einer anderen Richtung. Er hilft dir im wahrsten Sinne des Wortes zu reflektieren. Dabei vertauscht er interessanterweise zwar links und rechts, nie aber oben und unten. Ein Mentor wird dir manches ebenso seitenverkehrt widerspiegeln, damit dir die Dinge klarer werden. Nie aber wird er dein Weltbild auf den Kopf stellen. Wenn das passiert, dann war's kein Mentor, sondern ein Guru."

Florian lachte. OK, schon verstanden. Guru brauche ich keinen. Ich könnte aber doch trotzdem noch viel von dir lernen."

„Klar, doch es warten noch so viele andere Mentoren auf dich. Suche dir Menschen, die schon erreicht haben, was du gerne erreichen willst. Nach dem Motto: ‚Been there, done that!' Lass dir deren Perspektive der Welt zeigen. Hör dir die Glaubenssätze an. Wie denken sie über die Welt, die Menschen, die Aufgaben, die Herausforderungen, große Ziele und unscheinbare Kleinigkeiten. Du findest diese Menschen nicht an jeder Straßenecke, doch wenn du mit offenen Augen durch die Welt gehst, dann wirst du sie kennenlernen. Kleiner, aber wichtiger Tipp unter Männern: Begehe nicht den Fehler, ausschließlich nach Männern zu suchen."

„Amelie! Da habe ich schon meine nächste Mentorin."

Severin schmunzelte. „Sehr gute Wahl. Die hätten wir dann schon gemeinsam. Wird aber fürs Erste nichts daraus. Wir gehen demnächst zusammen auf Weltreise."

Florians Mund klappte auf. „Wie? Das könnt ihr nicht machen! Gleich zwei Mentoren auf einmal weg."

„Mein Lieber, nichts bildet so sehr wie Reisen. Damit sind natürlich keine All-Inclusive-Pauschalreisen in Touristenclubs gemeint. Wie ich schon einmal erwähnt habe, wer seinen Horizont erweitern möchte, der muss schon bereit sein, in fremde Kulturen und Gebräuche einzutauchen. Abgesehen davon, lernst du Demut und Dankbarkeit für den Luxus, den unsere Zivilisation mit sich bringt. Sauberes Wasser, das mit einem Handgriff aus dem Hahn kommt, und dann noch Trinkwasser, das findest du in den meisten Gegenden dieser Welt sicher nicht. Wir freuen uns schon sehr auf neue Erfahrungen und Eindrücke. Und wenn wir schon beim Thema Mentoren sind, auch wir sind immer auf der Suche nach inspirierenden Menschen."

„Habt ihr schon einen Plan, wohin es gehen soll?"

Severin lächelte. „Ja, ich habe vor ein paar Monaten auf einer Start-up-Konferenz einen jungen Maasai kennengelernt. Sein Name ist Saitoti. Er hat mich berührt und inspiriert durch seine Intelligenz, seine Energie und seine Fröhlichkeit. Er lebt mit seiner Dorfgemeinschaft in einem Nationalpark in Kenia. In Lehmhütten buchstäblich mitten im Nirgendwo. Weil er in der Schule überdurchschnittlich begabt war, haben die Mitglieder seines Stammes zusammengelegt und ihm ein Studium bezahlt, damit er zukünftig in Nairobi arbeiten kann. Statt in der Hauptstadt Karriere zu machen, hat er nun aus Dankbarkeit für die Großzügigkeit einen Online-Shop entwickelt. Dort verkauft er Schmuck, den die Frauen des Dorfes herstellen. Mittlerweile arbeiten achthundert Frauen für dieses Projekt. Saitoti schüttet den gesamten Gewinn an die Frauen aus und verhilft dadurch vielen Familien zu einem besseren Leben. Letztes Jahr hat er als zusätzliche Gewinnausschüttung jeder Frau einen neuen Holzofen mit kleinem Schornstein geschenkt. Dadurch müssen sie nun nicht mehr in der verrauchten Lehmhütte das Essen kochen. Wir wollen ihn vor Ort besuchen und von ihm lernen. Und ich bin überzeugt, dass es dort viel zu lernen gibt. Ich schenke dir gerne ein Armband, das er mir geschickt hat. Eine Frau hat dafür einen Tag lang kleine Perlen kunstvoll geknüpft."

Florian nahm das filigrane Armband entgegen und bewunderte die detailliert gearbeiteten Muster.

„Ich packe es dir ein, damit du es nicht verlierst. Du siehst, Mentoren können, müssen aber nicht wirtschaftlich erfolgreich in unserem westlichen Sinne sein. Weisheit und Wissen geht über unsere Vorstellungen von Reichtum hinaus. Die nächste Station wird uns ins Himalayagebiet führen zu Lobsang Phuntsok. Er leitet dort eine Unterkunft für Waisenkinder und Kinder, deren Eltern zu arm sind um Essen für die Kinder zu kaufen. Vielleicht kennst du die Geschichte sogar. 2014 wurde ein mehrfach preisgekrönter Film über ihn gedreht: ‚Tashi and the Monk.' Lobsang war Schüler des Dalai Lama, spiritueller Lehrer, und nun hat er seine Aufgabe in der Leitung des Heimes gefunden. Auch auf diese Begegnung freuen wir uns auch schon sehr. Es gibt viel zu lernen auf diesem Planeten, viele inspirierende Menschen und Erfahrungen. Nutze die Möglichkeiten, die sich dir bieten."

„Vielen Dank, Severin. Was für ein schönes Resümee für unser Coaching. Ich möchte dich und Amelie gerne zu uns nach Hause einladen. Lass uns das Ende des Coachings und eure baldige Weltreise feiern. ‚Jedem Anfang wohnt ein Zauber inne, der uns beschützt und hilft zu leben' sagt Hesse in seinem Gedicht. Ich glaube, das gilt auch für jedes Ende. Was hältst du davon?"

„Florian, ich freue mich darauf. Ausnahmsweise einmal an einem Samstag – und nicht am Montag in zwei Wochen, falls es länger dauern sollte?"

Zu Hause öffnete Florian das Päckchen mit dem Armband. Er freute sich doppelt, denn er wusste, dass er ganz sicher noch einen Umschlag finden würde ...

Deine Aufgabe zu diesem Coaching:

• *Suche und finde Mentoren und Mentorinnen in deinem Leben, die dir helfen, den nächsten Schritt in deinem Leben zu gehen. Beruflich und privat.*

27. Party

Severin, Amelie, Katharina und Florian saßen auf der Terrasse von Florians Wohnung und ließen die Gläser klingen.

„Auf dich, Severin. Ohne dich würden wir hier nicht sitzen. Bei unserem Kennenlernen hast du mir durch deine Intervention meinen Jahresbonus gesichert, dank dem ich die Anzahlung für die Finanzierung leisten konnte. Seitdem konnte ich meine Verkaufsleistung jeden Monat steigern, mehr noch, meine Kunden sind zufriedener, und ich habe mehr Freude am Verkaufen. Danke auch dir, Amelie, für die vielen Inspirationen. Und nicht zuletzt, danke Katharina. Du hast mich immer in meinem Weg unterstützt, auch wenn es manchmal bedeutet hat, dass ich abends einmal meine Coaching-Lektionen nachbearbeitet habe. Schön, dass ihr mein Leben bereichert!"

Katharina küsste Florian und lächelte. „Vor einem Jahr war Florian ein Nervenbündel. Er hatte ständig im Fokus, noch mehr und besser zu verkaufen. Je mehr er sich angestrengt hat, umso schwieriger schien es zu werden. Seit seinem ersten Besuch im *mavie* bei euch hat er sich komplett verändert. Er ist ausgeglichener und gelassener geworden. Zwar hat er den einen oder anderen Abend für die Coaching-Lektionen verwendet. Aber dafür war er an den anderen Abenden präsent und wirklich bei mir. Florian ist vielleicht ein besserer Verkäufer geworden, aber noch viel mehr hat er sich als Mensch entwickelt. Und dafür möchte ich euch danken."

Amelie antwortete: „Das freut mich zu hören. Es war immer schon Severins Ziel, Menschen im Verkauf die Freude an ihrem Beruf zu vermitteln oder wieder wachzuküssen. Mehr verkaufen kann man schnell mal lernen, doch was wirklich zählt, ist die Begeisterung für die Tätigkeit und das Bestreben, Menschen bei ihren Entscheidungen zu begleiten!"

„Genug der salbungsvollen Worte. Jetzt wird gefeiert! Auf ein erfolgreiches Coachingjahr und auf eine spannende und inspirierende Weltreise", rief Severin in die Runde.

Gemeinsam feierten die vier noch bis in die Morgenstunden. Dabei ließen sie das Jahr Revue passieren und berichteten von den prägendsten Momenten und Erlebnissen.

Obwohl es allen schwerfiel, verabschiedeten sich Amelie und Severin, nicht ohne zu versprechen, dass sie sich zwischendurch von ihrer Reise melden würden.

Als Florian am nächsten Tag die Überreste der Feier aufräumte, entdeckte er auf dem Tisch einen Brief.

„Lieber Florian, wir haben gemeinsam ein Jahr, 52 Wochen, 26 Lektionen gemeistert. Es hat mich gefreut, dir als Mentor und Wegbegleiter zur Seite zu stehen. Dein beruflicher Erfolg, aber auch Katharina haben bestätigt, dass der Weg der richtige war. Exzellent verkaufen können bedeutet eine hohe Verantwortung. Du hast nun die Macht, Entscheidungen zu beeinflussen. Menschen werden hohe Investitionen tätigen, weil du sie dorthin führst. Deshalb gilt es jetzt die nächsten Schritte zu

setzen. Du kannst dafür wie im letzten Coaching besprochen Mentoren beanspruchen. In erster Linie brauchst
du allerdings etwas, das noch viel wichtiger ist: dein
Selbstvertrauen. Damit meine ich nicht die stolz-
geschwellte Brust die manche darunter verstehen. Ich
meine das Vertrauen in dich selbst! Du bist dein wich-
tigster Coach! Ein externer Mentor kann dich am Weg
begleiten. Aber welchen Weg du nun einschlägst, das
wird dir dein innerer moralischer Kompass sagen. Der
ist oftmals im Vergleich zu vielen äußeren und inneren
Stimmen nur schwer wahrnehmbar, doch mache es dir
zur Aufgabe, diesen zu entwickeln. Achte bei all deinen
beruflichen, aber auch privaten Schritten zukünftig auf
deinen inneren Kompass. Auf ein baldiges Wiedersehen,
dein Severin."

28. Epilog

Sechsundzwanzig Faktoren für mehr Erfolg im Verkauf.

Florian, der Held dieses Buches, wird von seinem Mentor Severin ein ganzes Jahr bei der Umsetzung begleitet. Ist das nicht ein wenig übertrieben für die paar Faktoren, fragen Sie sich vielleicht?

In den letzten Jahren werden über Social Media immer mehr Webinare und Coachings angeboten, die alle nach demselben Muster funktionieren. „Hier wirst du mit nur 10 Schritten in 10 Tagen der Superstar in deiner Branche" oder „100 % Umsatzsteigerung in nur 4 Wochen!" Zugegeben, ein verlockender Gedanke.

Doch noch niemals hat ein Autor bzw. Anbieter solcher Wundercoachings jemals sein Wort gehalten. Die Heilsversprechen richten am Ende mehr Unheil an und zurück bleiben enttäuschte Konsumenten. Warum klappen diese Rezepte nie?

Weil Entwicklung Zeit braucht. Jeder einzelne Faktor in diesem Buch ist beherrschbar. Doch es gibt nur wenige Topverkäufer, die das gesamte Spektrum wirklich in der Tiefe abdecken. Und wer nicht konsequent an sich arbeitet, der verliert diesen Status schneller als er ihn erreicht hat. Denn die Welt, und die verkäuferischen Herausforderungen, entwickeln sich permanent weiter.

Glücksritter, die meinen: „Ich kann das alles, mache das schon lange genug, ich brauche nichts mehr lernen", werden vom Markt rechts und links überholt und wachen wahrscheinlich erst auf, wenn es zu spät ist. Hochmut kommt vor dem Fall …

Die echten Profis arbeiten jeden Tag an ihrer Performance. Mit der Einstellung: „Was kann ich heute tun, um morgen besser zu sein als heute?", entwickeln sie sich permanent weiter.

Sie müssen sich keine 52 Wochen Zeit nehmen, um die Inhalte des Buches zu verinnerlichen. Vielleicht reichen Ihnen auch 6 Monate? Klingt immer noch viel, doch das ist ein Faktor pro Woche, und das wiederum ist ganz schön ambitioniert. Denn schließlich gibt's in Ihrem Tagesgeschäft genug Herausforderungen, die zu meistern sind, und wenn dann auch noch Platz für Freizeit und Erholung sein soll, dann wird's schnell knapp mit dem Zeitbudget.

Nehmen Sie sich die Zeit, die es braucht, um alle Faktoren in der angemessenen Tiefe zu erarbeiten und zu verstehen.

Sie sind Führungskraft? Dann gilt diese Empfehlung umso mehr. Geben Sie Ihren Verkäuferinnen und Verkäufern Zeit zur Umsetzung der Faktoren. Der Zwei-Wochen-Rhythmus bleibt auch hier als Empfehlung gültig. Im Meeting der ersten Woche bringen und thematisieren Sie die Inhalte des Faktors, in der zweiten Woche erfolgt die Reflexion und Diskussion zu den Erfahrungen.

Wie Severin im letzten Kapitel des Buches schreibt, ist Verkaufen mit einer großen Verantwortung verbunden. Seien Sie sich dessen immer bewusst und gehen Sie respektvoll mit Ihren Kunden, Mitarbeitern und vor allem mit sich selbst um!

Herzlichst, Ihr Andreas Nussbaumer

Der Autor

© www.manfredbaumann.com

Seit mehr als 18 Jahren trainiert und coacht Andreas Nussbaumer in Deutschland, Österreich und der Schweiz Menschen auf ihrem Weg zu mehr Spaß und Erfolg im Verkauf. Mehr als 200 Unternehmen und über 30.000 Teilnehmer hat er dabei kennengelernt.

Sein ungrader Lebensweg als Verkaufstrainer, Landwirt, Keynote-Speaker, Traktorfahrer, Sachbuchautor, Pilot, Geschichtenerzähler, Motivator, Koch, Kellner und vielem mehr machten ihn zu einem emphatischen Menschen, dem es leicht fällt, in andere Welten einzutauchen, und diese aus verschiedenen Perspektiven zu betrachten. Der mehrfache Staatsmeister im traditionellen Karate entdeckte sein eigenes Verkaufstalent während seiner Tätigkeit als Personalberater in einem der größten österreichischen Personalvermittlungsunternehmen und später in der Immobilienbranche. Ergänzend zu seiner praktischen Erfahrung vertiefte er das Wissen um die persuasive Kommunikation in seinem Masterstudium der Wirtschafts- und Organisationspsychologie.

Seit 2012 lebt Andreas Nussbaumer gemeinsam mit seiner Frau Elisabeth auf Hof-Sonnenweide mit rund 100 Tieren im Burgenland. Die Beine fest am Boden und den Kopf in den Sternen, folgt er seinem Herzen, inspiriert mit kreativen Ideen und macht Mut zur Veränderung.

Bisher veröffentlicht: „365 Erfolgsimpulse für Menschen im Verkauf"

Danksagung

Mein besonderer Dank geht an:
Ute Flockenhaus für die Empfehlung an den Verlag, Frankfurter Allgemeine Buch für die professionelle Zusammenarbeit und Matthias Bischoff für das wertschätzende Lektorat mit Fingerspitzengefühl.